# 激光冷却
# 掺杂稀土晶体材料

JIGUANG LENGQUE
CHANZA XITU JINGTI CAILIAO

雷永清 ◎ 著

化学工业出版社
·北京·

## 内容简介

本书基于反斯托克斯荧光冷却原理，详尽阐述了掺镱离子的钇铝石榴石晶体和氟化镥锂晶体在激光冷却过程中的实验问题。深入探讨了固体材料激光冷却的四能级模型理论，并对冷却效率和环境热负载进行了细致的分析；详细介绍了冷却参数的测量和计算过程，以确保实验数据的准确性和可靠性；对不同掺杂浓度的钇铝石榴石晶体在激光冷却方面的表现进行了深入研究，尤其关注了镱离子掺杂浓度对钇铝石榴石晶体激光冷却性能的影响；最后对掺镱离子的氟化镥锂晶体的激光冷却实验进行了全面研究，介绍了非共振腔增强吸收的方案，并研究了热负载管理的有效方案。

本书适合光学、机械等领域的科研人员、工程技术人员以及高等院校相关专业的师生阅读参考。

**图书在版编目（CIP）数据**

激光冷却掺杂稀土晶体材料/雷永清著. —北京：化学工业出版社，2024.5

ISBN 978-7-122-45283-2

Ⅰ.①激…　Ⅱ.①雷…　Ⅲ.①激光-冷却-应用-稀土金属-金属晶体-材料科学　Ⅳ.①TG146.4

中国国家版本馆 CIP 数据核字（2024）第 057395 号

责任编辑：严春晖　金林茹
责任校对：边　涛　　　　　　　　　　　　装帧设计：王晓宇

出版发行：化学工业出版社
　　　　　（北京市东城区青年湖南街 13 号　邮政编码 100011）
印　　装：北京科印技术咨询服务有限公司数码印刷分部
710mm×1000mm　1/16　印张 9　字数 148 千字
2024 年 6 月北京第 1 版第 1 次印刷

购书咨询：010-64518888　　　　　　　　售后服务：010-64518899
网　　址：http://www.cip.com.cn
凡购买本书，如有缺损质量问题，本社销售中心负责调换。

定　　价：99.00 元　　　　　　　　　　　　版权所有　违者必究

# 前　言

光与物质的交互作用在光学交叉领域中展现出诸多令人着迷的现象，例如光操控、光加热或光冷却物体等。这些现象在材料科学、工业和医学等领域具有重要的应用价值。其中，光学制冷作为新型冷却技术，继机械制冷、液体制冷、电制冷和磁制冷之后，为各种应用场景提供了可靠、无振动的低温冷却方式。全固态光学低温制冷器基于固体材料激光冷却技术，具有结构紧凑、无振动等优势，可广泛应用于需要可靠、无振动低温冷却的各种场景。此外，固体材料激光冷却有望彻底解决某些光泵浦固体激光器的散热问题，消除增益介质的热梯度，实现辐射平衡激光器。

固体材料激光冷却技术的不断进步，源于对低温的追求。在近一个世纪的发展历程中，理论研究、材料生长工艺和激光技术的进步促使固体材料激光冷却家族成员不断壮大。其中，高纯度掺镱离子的氟化物晶体脱颖而出，成为实现辐射平衡激光器和低温光学制冷器的最佳材料之一。

本书以掺镱离子的钇铝石榴石晶体和氟化镥锂晶体作为激光冷却的研究对象，开展系统的冷却参数测量及冷却实验研究。主要内容概括如下。

① 搭建完善的样品冷却参数测试实验平台，获得完备的固体材料激光冷却参数。通过标准光源对荧光收集系统进行辐射强度校准后，在低温恒温器中进行测量，获得样品在 80~300K 下的荧光谱，并根据倒易原理推出样品的吸收谱。此外，设计并搭建激光诱导热调制光谱测试系统，获得晶体的外部量子效率和背景吸收系数。利用四能级模型推导固体材料激光冷却的效率公式，并结合实验测量的参数和冷却效率理论公式绘制晶体的"冷却窗口"，以表征晶体的激光冷却性能。此外，利用冷却窗口预判样品的最佳制冷波长和最低可达到温度，筛选出冷却性能较佳的样品。

② 开展 1%~10% 镱离子掺杂浓度的钇铝石榴石晶体激光冷却理论与实验研究，分析镱离子掺杂浓度对各冷却效率的影响。研究显示某一特定镱离子掺杂浓度的钇铝石榴石晶体具有最佳的激光冷却性能。针对一系列不同掺杂浓度的钇铝石榴石晶体开展激光冷却实验，在相同实验条件下，3% 和 5% 掺杂

浓度的钇铝石榴石晶体的制冷温度明显低于其他掺杂浓度样品，其中镱离子掺杂浓度为 3‰的钇铝石榴石晶体实现了约 80K 的温降，创下目前钇铝石榴石晶体激光冷却的最低温度记录。

③ 对基于丘克拉斯基法生长的掺镱离子氟化镥锂晶体进行激光冷却研究。通过测量筛选出光学质量好及纯度高的样品，并设计"蛤壳"黑体辐射屏蔽结构，优化整个实验系统的热负载。利用置于高功率光纤激光器泵浦"蛤壳"中镱离子掺杂浓度为 7.5‰的氟化镥锂晶体，获得了（121±1)K 的激光冷却温度，低于美国国家标准与技术研究院（NIST）定义的低温学温度（123K）。据了解，国际上仅有美国新墨西哥大学与洛斯阿拉莫斯国家实验室利用氟化钇锂晶体以及笔者所在研究小组利用氟化镥锂晶体在实验上突破了低温学温度。此外，研究表明，熔融的氟化镥锂晶体可以为固体材料激光冷却和辐射平衡激光器等应用提供更高纯度的样品，是比氟化钇锂晶体更具吸引力的激光冷却材料。

本书是笔者在固体材料激光冷却领域研究成果的有机整合，受到山西工程科技职业大学科研基金项目（KJ202324）的资助。同时感谢华东师范大学印建平教授和钟标副研究员对笔者科研工作的指导！

限于笔者水平，书中难免有疏漏和不足之处，恳请读者批评指正。

雷永清

山西工程科技职业大学

# 目　录

第 1 章

# 绪论

# 1.1
## 概述

低温制冷技术对于国防安全、航空航天、遥感遥测、精密测量以及量子信息等尖端领域具有至关重要的科学意义和实际应用价值。其中，光制冷，又称激光冷却或光学制冷，是一种通过物质与激光相互作用失去动能或热能的物理过程。这一过程可以基于多普勒效应来捕获原子并减缓其运动，从而实现物质的冷却[1]。当多普勒效应与蒸发气体冷却相结合时，可以实现原子和分子气体的玻色爱因斯坦凝聚[2]。此外，光学制冷还可以基于稠密气体中辐射的碰撞再分配原理[3,4]，这两种技术都可以有效地去除包含在平动自由度中的热能，因此特别适用于气体的冷却。

对于固体材料的激光冷却，其原理主要基于反斯托克斯荧光过程。自 1929 年 Pringsheim[5] 首次提出利用反斯托克斯荧光冷却凝聚态物质的想法以来，这一领域的研究不断深入。一些材料在与受激原子发生热相互作用后会发出比吸收光波长更短的光，这一过程被称为反斯托克斯荧光散射过程[6]。由于反斯托克斯荧光的平均能量大于吸收的泵浦光能量，因此逃逸的反斯托克斯荧光能够从系统中带走热量，从而实现制冷效果。

在早期的研究中，Vavilov 和 Pringsheim 就针对固体材料光学冷却是否符合热力学定理展开过激烈的辩论。Vavilov 认为固体材料的光学循环是可逆的，能量产率大于 1，这意味着可以将热能完全转化为功，这似乎违背了热力学第二定律[7]。然而，Pringsheim 认为在反斯托克斯荧光冷却中，单色、单向的泵浦光转变为各向同性的宽带荧光，因此这个过程一定是不可逆的[8]。直到 1946 年，Landau 建立了固体材料光学制冷的热力学理论框架，结束了这一争论，他证明荧光具有比泵浦光更高的熵，因此能量产率有可能大于 1。

1950 年 Kastler[9]，1961 年 Yatsiv[10] 都建议使用掺杂稀土离子的材料进行光学冷却。稀土离子的主要优势在于其 5s 和 5p 电子壳层能够屏蔽 4f 价电子层，从而有效减小非辐射弛豫。然而，1968 年，Kushida 和 Geusic[11] 在尝试进行 $Nd^{3+}$：YAG 晶体的光学冷却过程中，虽然观察到了热量减少的现象，但并未实现净制冷。直到 1995 年，美国洛斯阿拉莫斯国家实验室的 Epstein 等[12] 终于在 Yb$^{3+}$：ZBLANP 玻璃中观察到了激光净制冷现象（$\Delta T = -0.3K$）。此后，随着材料生长工艺和激光技术的不断进步，许多掺杂稀土离子的玻璃[12-14] 和晶体材料[15-30] 都实现了激光冷却。

固体材料激光冷却技术在许多领域都有着非常重要的实际应用价值。首先且最明确的应用是研制全固态、结构紧凑、无振动、无电磁辐射的低温光学制冷器。此外，这一技术还可以应用于研制辐射平衡激光器（无热激光器），该技术将彻底解决固体和光纤激光器在工作时增益介质发热的世界级难题。此外，固体材料激光冷却技术还能应用于生物医学领域，如光冷探针、冷光镊等[31,32]。

# 1.2
## 固体材料激光冷却的基本原理和条件

当激光与某些特殊材料相互作用时，材料将吸收激发光子，然后放出荧光光子。若固体材料吸收一个较低能量 $h\nu$（长波长）的激光光子，然后辐射出一个较高能量 $h\nu_f$（短波长）的荧光光子，则材料中的热能将转化为光能，并以荧光的形式逃逸。显然，在光子"吸收-辐射"的一次循环中，被荧光带走的热能为 $k_B \Delta T_1 = h(\nu_f - \nu)$。如果这一光子"吸收-辐射"的循环过程发生 $N$ 次，则被荧光带走的能量为 $k_B \Delta T_1 = Nh(\nu_f - \nu)$。当 $N$ 足够大时，将导致材料温度的可观降低，达到制冷效果，这就是反斯托克斯荧光制冷的基本原理。

反斯托克斯荧光制冷的核心是工作材料和激光波长的选择。对材料选择的基本要求是：①材料具有发光中心，即具有在某种条件下能够发射荧光光子的原子、分子、离子和缺陷。为此，人们通常在材料中掺杂一些稀土离子。②材料中激发态到基态的跃迁应以辐射跃迁为主，相应的非辐射跃迁概率应非常小，即荧光辐射跃迁的量子效率应很高，以保证荧光发热过程不会严重抵消荧光辐射的制冷效果。此外泵浦激发波长的选择要尽可能调谐到材料吸收光谱的"红边"，以便发生有效的反斯托克斯荧光过程。

# 1.3
## 固体材料中掺杂稀土离子的电子壳层特性

　　稀土元素与电磁辐射的相互作用带来了众多有趣的现象,长久以来备受关注。这些元素具有高效的荧光量子效率,成为了光学制冷材料的理想发光中心。它们位于元素周期表中的镧系,包括原子序数从 La(原子序数 57)到 Lu(原子序数 71)的 15 种元素。此外,Sc 和 Y 与镧系元素同主族,因此具有相似的化学特性。

　　在自然界中,稀土离子主要以三价氧化态形式存在,其电子构型为 $[Xe]4f^N$。其中,$N$ 在 $Ce^{3+}$ 到 $Yb^{3+}$ 之间从 1 变化到 13。如图 1.1 所示,三价稀土离子的 4f 价电子壳层被完全填充的 5s 和 5p 壳层所包围。这些壳层的能量较低,但具有较大的空间延伸。这种电子构型赋予了三价稀土离子独特的物理和化学性质。例如,$La^{3+}$ 的 4f 轨道未被电子填充,而 $Lu^{3+}$ 的 4f 轨道则完全被电子填满。因此,只有 $Ce^{3+}$-$Yb^{3+}$ 离子之间存在 f-f 跃迁。

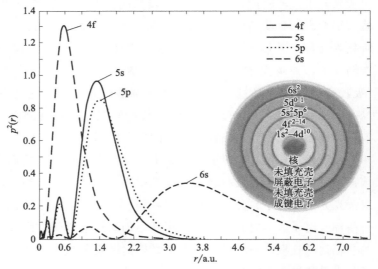

图 1.1　$Gd^{3+}$ 自由离子 4f、5s、5p 和 6s 壳层的径向
电荷密度和电子壳层结构[33]

1a. u. $= 0.529 \times 10^{-10}$ m

$Sc^{3+}$、$Y^{3+}$、$La^{3+}$ 和 $Lu^{3+}$ 形成了封闭的电子组态，从而表现出光学惰性。在稀土离子掺杂方面，较大的掺杂离子可能会改变原宿主材料的晶格，影响三价阳离子的点群对称性。而较小的掺杂离子可能导致晶格急剧收缩或占据空隙位置[33]。镧系三价离子的尺寸从 La 到 Lu 逐渐减小[34]，其中，$Dy^{3+}$（0.912Å）（$1Å = 10^{-10m}$）、$Ho^{3+}$（0.901Å）、$Er^{3+}$（0.890Å）、$Tm^{3+}$（0.880Å）、$Yb^{3+}$（0.868Å）与 $Y^{3+}$（0.900Å）的离子半径相近。因此，在不改变材料晶格的情况下，含有 $Y^{3+}$ 的材料是这些稀土离子的主要宿主。Sc、La 和 Lu 与其他镧系元素化学性质相似，同样适合通过掺杂过程进行替代。

外部 5s 和 5p 电子壳层的完全填充有效屏蔽了 4f 价电子的外场作用，从而大幅减少了稀土离子与晶格振动模式之间的相互作用。这种屏蔽作用显著抑制了电子-声子耦合以及多声子非辐射弛豫过程，进而使得 4f-4f 光学跃迁展现出极高的辐射效率。同时，由于价电子在离子中高度局域化，并不直接参与与周围离子的键合过程，因此掺杂在基质中的稀土离子呈现出狭窄的吸收谱和发射谱。这种高发光量子效率与窄光学跃迁特性共同构成了固体材料光学制冷的基本要素。在自由离子状态下，同一电子壳层之间的电偶极相互跃迁通常因奇偶性禁戒而被抑制。然而，在晶场的作用下，基质材料中的稀土离子发生了不同奇偶态的混杂，从而允许了部分 4f 跃迁的发生。因此，4f 激发态的辐射寿命可以长达几十毫秒，这使得这些多重态能有效用于能量存储、产生布居数反转和其他类型的光学机制[35]。

在静电（库仑）和自旋轨道相互作用的影响下，镧系元素的 $[Xe]4f^N$ 电子构型在 4f 电子之间产生了一组 4f 电子态，这些态用 $^{2S+1}L_j$ 表示，其中 $L$、$S$ 和 $j$ 分别代表轨道角动量、自旋角动量和总角动量量子数[36]。如图 1.2 所示，除了 $Ce^{3+}$ 和 $Yb^{3+}$ 之外，其他三价稀土离子均具有丰富的 4f 激发态。$Ce^{3+}$ 的 4f 壳层只有一个电子，而 $Yb^{3+}$ 则差一个电子即可填满整个 4f 壳层，因此它们形成了相对简单的 2F 能级组。在自旋轨道耦合的作用下，2F 能级组进一步分裂为基态 $^2F_{7/2}$ 和激发态 $^2F_{5/2}$。由于 $Ce^{3+}$ 和 $Yb^{3+}$ 具有唯一的激发态，因此它们能有效避免激发态吸收引发的多声子非辐射弛豫过程。

特别值得注意的是，$Yb^{3+}$ 的基态和激发态能级间隙约为 $10000cm^{-1}$，其基态到激发态的跃迁所对应的激光波长位于近红外波

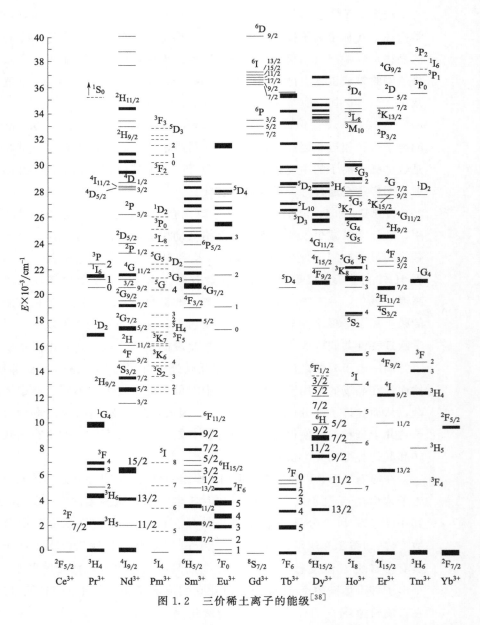

图 1.2　三价稀土离子的能级[38]

段，约为1000nm。这一特性使得很多掺杂 $Yb^{3+}$ 的激光晶体（如 $Yb^{3+}$：YAG、$Yb^{3+}$：YLF、$Yb^{3+}$：KGW、$Yb^{3+}$：KYW 等）能够自然产生波长在1005～1060nm 范围内的激光。因此，在实际应用中，很容易获得波长约为1000nm、大功率（>10W，CW）的激光器。相比之下，其他稀土离子从基态到激发态的跃迁所需波长的激光则较难获得。在晶场的作用下，$Yb^{3+}$ 的基态 $^2F_{7/2}$ 和激发态 $^2F_{5/2}$ 进一步发生劈裂，正是这种基态和激发态中能级的不均匀展宽使得泵浦光的能量和荧光的平均能量有所差别，进而实现了有效的激光冷却循环[37]。因此，$Yb^{3+}$ 成为目前所有稀土离子中在激光冷却方面表现最佳的掺杂离子。

# 1.4
## 激光冷却材料及其特性

激光冷却材料中掺杂的稀土离子具有高的量子效率，即在高能量泵浦激光的照射下，它们能发射出携带更高能量的荧光。如 1.3 节所述，稀土离子中的 4f 壳层受到 5s 和 6s 电子壳层的保护，有效抑制了非辐射弛豫的发生，从而使得光学跃迁通道更为狭窄，量子效率也更高。然而，除了 $Ce^{3+}$ 和 $Yb^{3+}$ 外，其他稀土离子具有多种 4f 电子态，这会导致额外的非辐射弛豫和热量产生。由于 $Ce^{3+}$ 离子的泵浦激光波长为约 $4.5\mu m$，这种波长的激光器并不常见，因此 $Ce^{3+}$ 离子并不是固体材料激光冷却的首选掺杂离子。相比之下，$Yb^{3+}$ 离子的激发波长与许多成熟的商用激光相符，这使其成为一种实用且适合固体激光冷却的掺杂离子。为了有效抑制多声子弛豫率，通常会选择具有低声子能量的材料进行冷却[39]。

冷却材料的化学纯度是另一个关键的考量因素。这是因为杂质可能会吸收泵浦光，进而产生不必要的热量。这些杂质通常是指能够吸收泵浦光的外来物质，如羟基离子（$OH^-$）或金属离子等。Hehlen 等人对 $Yb^{3+}$：YLF 晶体的研究指出，$Fe^{2+}$ 这种微量金属离子在光学冷却波长处具有较强的吸收能力，这会降低冷却效率[40]。

稀土离子的浓度是影响量子效率的另一个关键因素。随着掺杂离子浓度的增加，离子与离子之间的相互作用也会增强。这种相互作用增加了不同离子之间能量转移的机会，进而提高了杂质吸收能量的可能性，从而可能导致非辐射弛豫和材料加热。另外，由于浓度猝灭现象的存在，需要对每个样品中的稀土离子浓度进行优化。除此之外，材料的热学和力学性能、化学耐久性以及折射率等因素在光学制冷机的设计中同样至关重要[39]。

幸运的是，随着制造、材料加工和提纯技术的不断进步，激光材料的质量得到了显著提升。在固态激光冷却领域，研究者们正在积极探索晶体、半导体、光纤、纳米晶粉末和玻璃陶瓷等多种潜在材料。这些材料在固态激光冷却领域的研究正在如火如荼地进行。

## 1.4.1　晶体

首次被用于激光净制冷的固体材料是一种非晶态的重金属氟化物玻璃：掺 $Yb^{3+}$ 的 $ZrF_4$-$BaF_2$-$LaF_3$-$AlF_3$-$NaF$-$PbF_2$（$Yb^{3+}$：ZBLANP）[12]。这种氟化物玻璃具备两个关键特性，使其成为理想的激光冷却材料：①低声子能量；②宽光谱范围内的高透射率。低声子能量能有效抑制非辐射弛豫，而宽光谱范围内的高透射率则有利于荧光逃逸，这都有助于提高材料的外部量子效率。随着材料提纯和玻璃制造技术的不断进步，2000 年，$Yb^{3+}$：ZBLAN 玻璃的激光冷却温度达到了 236K[41]。同年，两种新的材料 $Yb^{3+}$：CNBZn 和 $Yb^{3+}$：BIG 玻璃也实现了激光冷却[14]。到了 2005 年，玻璃材料（$Yb^{3+}$：ZBLANP[14]）的激光冷却温度达到了 208K，但此后便没有再取得突破。玻璃材料无法实现更低的激光冷却温度，主要原因有[33]：①氟锆酸盐玻璃中无法掺杂更高浓度的稀土离子；②玻璃材料中基态能级劈裂较大，导致低温下的共振吸收减弱，限制了最低可实现温度。相比之下，含三价阳离子的晶体材料能够掺杂更高浓度的稀土离子而不发生荧光猝灭。此外，稀土离子在晶体中的基态能级劈裂明显小于玻璃。在晶体的缓慢生长过程中逐渐排除杂质，能够进一步降低过渡金属离子等有害杂质，从而提升晶体材料的纯度。2008 年，意大利比萨大学的 Tonelli 小组首次在 $Yb^{3+}$：YLF 晶体材料上实现了激光冷却[42]。2010 年，美国洛斯阿拉莫斯国家实验室的 Hehlen 在理论上证明了，与玻璃材料相比，晶体材料的激光冷却更具优势[43]。

目前，多种掺 $Yb^{3+}$ 的晶体材料已经成功实现了激光冷却。其中，YLF 晶体是研究最广泛的激光制冷材料之一。不仅掺 $Yb^{3+}$ 的 YLF 晶体实现了激光净制冷，而且掺 $Tm^{3+}$、$Ho^{3+}$ 以及 $Yb^{3+}$-$Tm^{3+}$ 共掺的 YLF 晶体也都成功实现了激光净制冷。除了掺 $Yb^{3+}$ 的冷却材料外，研究者们还探索了其他稀土离子和基质材料的激光冷却特性。此后，该小

组还相继实现了 $Er^{3+}$ 和 $Ho^{3+}$ 材料的激光净制冷。表 1.1 对目前已经实现激光净制冷的材料进行了归纳。

表 1.1 激光净制冷晶体的性质以及实验参数

| 材料类型 | 制冷温度或温降 | 泵浦波长及功率 | 材料尺寸 | 测温方法 | 参考文献 |
|---|---|---|---|---|---|
| 5%Yb：LLF | $\Delta T=11K$ | 1020nm，3W | 3mm×3mm×5mm 布角切割 | 红外热像仪 | [48] |
| 7%Yb：YLF | $T=103K$ | 1020nm，12W | 2mm×2mm×2mm 布角切割 | 差分荧光光谱法 | [49] |
| 10%Yb：YLF | $T=93K$ | 1020nm，54W | 1.2cm 长 布角切割 | 差分荧光光谱法 | [45] |
| 5%Yb：YLF | $T=123K$ | 1020nm，40W | 1.2cm 长 布角切割 | 差分荧光光谱法 | [50] |
| 3%Yb：YAG | $T=8.8K$ | 1020nm，4.2W | 1mm×1mm×10mm 布角切割 | 布拉格光栅 | [17] |
| 0.5%Er：KPC | $\Delta T=0.7K$ | 870nm，1.9W | 4.5mm×6.5mm×2.7mm | 红外热像仪 | [51] |
| 5%Yb：YLF | $T=155K$ | 1023nm，9W | 3mm×3mm×11mm 布角切割 | 差分荧光光谱法 | [16] |
| 5%Yb：YLF | $\Delta T=69K$ | 1030nm，45W | 布角切割 | 差分荧光光谱法 | [42] |
| 1.2%Tm：BYF | $\Delta T=3.2K$ | 1855nm，4.4W | 5.5cm，1.5cm | 红外热像仪 | [52] |
| 2.5%Tm：BYF | $\Delta T=4K$ | 1025nm，3W | 3mm×4mm×10mm | 红外热像仪 | [25] |
| Yb：KPC | $T=150K$ | 1010nm | 4.6mm×4mm×10mm | 光热偏转法 | [22] |
| 2.3%Yb：YAG | $\Delta T=8.9K$ | 1030nm，1.8W | 立方体 | 光热偏转法 | [18] |
| 3%Yb：YAG | $T=218.9K$ | 1030nm，36W | 2mm×2mm×5mm 布角切割 | 差分荧光光谱法 | [47] |

目前，掺 $Yb^{3+}$ 材料在所有激光冷却材料中保持着最低温度的记录。通过采用非共振腔增强吸收和有效的热负载管理技术，高纯度 $Yb^{3+}$：YLF 氟化物晶体的激光冷却温度已经突破了低温学温度 123K[16,44,45]。2016 年，新墨西哥大学的 Sheik-Bahae 小组报道了将 10%$Yb^{3+}$：YLF 氟化物晶体冷却至 91K 的记录[15]。2017 年，该小组在 Herriot 非共振腔[46] 中，使用 1020nm 激光泵浦 5%$Yb^{3+}$-0.0016%$Tm^{3+}$ 共掺的 YLF

氟化物晶体，实现了从室温冷却到 87K 的固体材料激光冷却记录[29]。而我们团队一直致力于研究 $Yb^{3+}$：LLF 氟化物晶体的激光冷却特性，这种材料在激光冷却性能上可与 $Yb^{3+}$：YLF 相媲美。2020 年，我们采用激光双次泵浦实验方案，将 7.5％ $Yb^{3+}$：LLF 晶体冷却至 141.8K[28]。2023 年，通过优化热负载管理，并结合 1020nm 高功率光纤激光器，成功将晶体温度冷却至 121($\pm$1)K。

$Yb^{3+}$：YAG 氧化物晶体是一种卓越的激光增益介质，同时它还展现出良好的激光冷却特性[17,18,47]，因此，对这种晶体材料的激光冷却特性进行研究，对于开发辐射平衡激光器具有重要的科学意义和应用价值。本书对 1％～10％ $Yb^{3+}$：YAG 晶体进行了深入的激光冷却实验与理论研究。在真空条件下，我们成功将 3％ $Yb^{3+}$：YAG 晶体从室温冷却至 218.9K，创下了氧化物晶体激光冷却的最低温度纪录。

## 1.4.2 半导体

与掺杂稀土晶体材料相比，半导体在激光冷却方面具有显著的优势，能够实现约 10K 甚至更低的温度。这种优势主要源于两种材料中基态电子的布局差异。在掺杂稀土离子的材料中，遵循玻尔兹曼统计，当温度降至 100K 以下时，基态顶部的布居数会急剧减少。而遵循费米-狄拉克统计的半导体，即使在绝对零度也能保持较低的价带。

近年来，半导体光学冷却在理论和实验方面都取得了显著的进展。大多数实验工作都专注于测量外部量子效率以及开发用于测量局部样品温度的高灵敏度非接触探针[53-55]。理论研究则强调了激子-声子耦合在冷却过程中的重要性[56-58]。

1996 年，Gauck 等首次报道了半导体光学冷却的初步实验结果。他们尝试使用可调谐的钛：蓝宝石激光源和圆透镜方案来冷却直接带隙半导体 GaAs[54]。在实验中，他们将 GaAs 异质结构放置在蓝宝石和透明的 ZnSe 圆透镜之间。虽然实验并未观察到净冷却效果，但发现当调谐激光波长低于平均荧光波长时，加热现象有所减少。采用放热定标技术测量得出的外量子效率约为 96％。

1998 年，Gfroerer 等尝试使用积分抛物面反射器对 InGaAs/InP 结构进行冷却[59]。他们开发出一种精确的技术，用于测量具有未知发射轮廓的 LED 的外部量子效率。自发辐射集中在 1620nm，测得的外部辐射效率约为 63%。

2013 年，II-VI 族硫化镉纳米带实现了从室温到低温的 40K 净冷却[60]。通过使用 514nm 的泵浦激光器，他们成功地冷却了硫化镉纳米带，并产生了 $180\mu W$ 的冷却功率和 1.3% 的冷却效率。在 100K 的温度下，使用 532nm 的泵浦光能够实现约 15K 的净冷却，此时的冷却效率为 2.0%。

2015 年，Sun 等通过实验研究了宽带隙极性 III-V 半导体（GaN）在带隙以下激发的潜在冷却效果。实验中观察到了声子辅助的反斯托克斯荧光，但量子效率还不足以实现净冷却[61]。Chen 等分析指出，通过提高材料自然光学吸收之外的反斯托克斯量子效率和减少斯托克斯发射的影响，设计光子态密度（DoS）有助于实现自发拉曼冷却[62]。后来，他们提出了一个精确的表达式，用于分析光子工程系统中的各向异性 DoS，并评估各向异性 DoS 对拉曼散射的影响[63]。

在室温条件下，将 CdSe 量子点分散在固体 PMMA 聚合物和液体甲苯中，可以观察到反斯托克斯荧光现象[64]。但由于 CdSe 的 2LO 声子的吸收，甲苯样品可能实现 2.3℃ 的冷却。不过，相对较低的 80% 量子产率表明，样品的整体冷却实际上不可能发生。

2017 年，Nemova 和 Kashyap 提出了在表面声子极化激元（SPhPs）影响下进行固体光学制冷的想法[65]。理论上，当两个样品在足够近的距离下，可以产生近场热辐射模式耦合。例如，一个样品可以是掺杂稀土的激光冷却晶体，另一个可以是碳化硅（SiC），这样表面波就可以从一个样品逐渐隧穿到另一个样品。研究表明，对于短距离，当 SPhPs 在光学冷却的材料和室温下支撑的附近材料中传播时，冷却可能会受到负面影响。因此，他们分别研究了不同尺寸和不同距离样品中耦合 SPhPs 对制冷过程的影响。

近年来，人们提出了一种利用带尾吸收中的单 LOP 辅助跃迁来提高 InGaAs 激光冷却效率的方法，并进行了理论分析[66,67]。通过引入供体-受体对来实现带隙工程，可以改变 DoS 并产生更高的能量差。然而，这种方法的主要难点在于同时优化施主和受主的掺杂浓度和结合能。表 1.2 总结了激光冷却半导体的性质和实验参数。

半导体光制冷的主要障碍包括高折射率、表面复合、俄歇复合和寄生背景吸收[68,69]。目前的研究主要集中在获得量子点的光致发光冷却和发光二极管的电致发光冷却。

表 1.2　激光冷却半导体的性质和实验参数

| 材料类型 | 制冷温度或温降 | 泵浦波长及功率 | 测温方法 | 参考文献 |
|---|---|---|---|---|
| 半导体 | $\Delta T = 2.3\mathrm{K}$ | 647nm，27mW | 热电偶 | [64] |
| CdSe/ZnS 量子点 $CH_3NH_3PI_3$ | $\Delta T = 23\mathrm{K}$ | 785nm，0.66mW | 泵浦-探测荧光测温技术 | [70] |
| CdS 纳米带 | $\Delta T = 40\mathrm{K}$ | 514nm/532nm | 泵浦-探测荧光测温技术 | [60] |
| CdSe/GaInP 双异质结 | $\Delta T = 40\mathrm{K}$ | 888nm | | [54] |

## 1.4.3　光纤

光纤的光学冷却具有优于块状材料的优势，主要在于其能够实现远距离传输。此外，光纤的微型尺寸使其适用于微电子器件的点冷却。$Yb^{3+}$：ZBLAN 玻璃曾是光学制冷应用中研究最多的候选材料之一[71,72]。1999 年，一个 6 克重的 $Yb^{3+}$：ZBLAN 玻璃棒通过光泵浦从室温冷却到了 240K[73]。随后，Gosnell 在 1999 年使用相同材料的光纤实现了 236K 的冷却温度[41]。通过采用更强大的泵浦激光器和改进的冷却腔，$Yb^{3+}$：ZBLAN 圆柱体的最低冷却温度达到了 208K[13]。

2007 年，Hehlen 等[74] 提出了 $Yb^{3+}$：ZBLAN 玻璃中光学冷却的综合模型，旨在探究光纤中杂质的浓度上限。他们发现 $Cu^{2+}$、$Fe^{2+}$、$Co^{2+}$、$Ni^{2+}$ 和 $OH^-$ 对冷却过程最具危害性。对于要在 100～150K 下工作的实用光学制冷机，其 $Cu^{2+}$ 浓度需低于 2ppb（$1ppb = 10^{-9}$），而 $Fe^{2+}$、$Co^{2+}$、$Ni^{2+}$ 和 $OH^-$ 需要尽量降低至 10～100ppb。即使对于高质量的光学材料来说，这些杂质的含量也非常低，使得基于 ZBLAN 的低温制冷机的生产极具挑战性。

掺 Tm 的碲酸盐纤维也被提出用于激光冷却。在真空条件下，当使用 1943nm 和 1949nm 波长的激光泵浦时，温度从环境温度降低了 30℃[75]。这些光纤中的所有金属杂质浓度均低于 1ppm（$1ppm = 10^{-6}$）。

2019 年，Knall 等首次在大气环境下进行光纤的光学冷却实验[76]。在最大输入功率下，在 1% $YbF_3$：ZBLAN 单模光纤和 3% $YbF_3$：ZBLAN 多模光纤中分别测得了 5.2mK 和 0.65K 的制冷量。分析这些光纤的性能时，观察到制冷量与纤芯尺寸成正比，并且这种现象仅限于单模光纤（纤芯尺寸为 $1.3\mu m$）。由于多模光纤具有较大的纤芯尺寸，因此在多模光纤中获得了近 1067 倍的温度变化。这些结果与 Knall 等人提出的综合模型一致，表明对于低损耗光纤，反斯托克斯荧光能够提取的最大热量与纤芯半径和掺杂面积成正比[77]。

2017 年，Thomas 等研发出用于光制冷应用的新型氟氧化物玻璃陶瓷形式的光纤材料。他们制备出氟氧化物 $SiO_2$-$Al_2O_3$-$CdF_2$-$PbF_2$-$YF_3$ 玻璃和掺杂有 2mol% $Yb^{3+}$ 的玻璃陶瓷（GC）单折射光纤[78]。在 940nm 和 975nm 激光激发波长下，与玻璃态光纤相比，观察到纳米晶化的 GC 光纤中 $Yb^{3+}$ 的荧光强度和光致发光效率（95%）显著增强。模拟结果显示，如果氟化物纳米晶体内 $Yb^{3+}$ 离子的偏析比达到约 95%，GC 光纤就能产生足够高的光致发光量子产率，从而实现制冷。

2020 年，石英光纤的激光冷却首次获得成功[79]。该光纤的纤芯（直径 21μm）掺杂了 2.06wt% 的 $Yb^{3+}$ 并共掺了 $Al_2O_3$ 和 F。在 1040nm 的激发波长下，在大气环境中从室温实现了 50mK 的最大冷却效果，吸收为 $0.33W \cdot m^{-1}$。研究人员使用了分辨率为 1.2mK 的 FBG 传感器来测量温度变化。这些重要的成果将有助于实现辐射平衡的硅基光纤激光器。表 1.3 总结了激光冷却光纤的性质和实验参数。

表 1.3　激光冷却光纤的性质和实验参数

| 材料类型 | 制冷温度或温降 | 泵浦波长及功率 | 测温方法 | 参考文献 |
|---|---|---|---|---|
| 2.06mol%掺 Yb 石英光纤 | $\Delta T = 50mK$ | 1040nm,110mW | 布拉格光栅 | [79] |
| 2%掺 Tm 锗酸盐光纤 | $\Delta T = 30K$ | 1943nm,1.2W<br>1949nm,2.5W | 高精度 NTC MF51E 热敏电阻 | [75,80] |
| 多模掺 $Yb^{3+}$ ZBLAN 光纤 | $\Delta T = 13K$ | 1015nm,85mW | 光热偏转光谱(PTDS) | [81] |
| 多模掺 $Yb^{3+}$ ZBLAN 光纤 | $T = 236K$<br>$\Delta T = 65K$ | 1015nm | 荧光光谱法 | [41] |
| 多模掺 $Yb^{3+}$ ZBLAN 光纤 | $\Delta T = 16K$ | 1015nm,77mW | 荧光光谱法 | [82] |

## 1.4.4　纳米晶粉末

有趣的是，根据早期的预测，掺杂在稀土纳米晶体粉末中的材料应该比块状单晶更容易实现光学制冷[118]。2006 年，Ruan 等从理论上预

测了 $Yb^{3+}$：$Y_2O_3$ 纳米晶粉末可以提升激光冷却的效果，并且与相同成分的块状材料进行了比较。由于多次散射效应，光能更容易地在粉末中被局限住。此外，与块状晶体相比，纳米晶体粉末的较小尺寸（几纳米）导致了在长波长区域内的声子布居数有所增加[83]。

2010 年，Garcia-Adeva 等报道了关于掺钕氯化铅钾（$KPb_2Cl_5$）块状晶体和纳米晶体粉末的局部激光制冷研究。他们验证了 Ruan 和 Kaviny 的预测[84]。在 855nm（0.5W）激光泵浦下，纳米粉末实现了 1.1℃ 的冷却效果。然而，当使用更大功率（1.2W）泵浦同种块体晶体时，其冷却效果仅为约 0.6℃。

2015 年，de Lima Filho 等人研究了不同掺杂浓度和尺寸的 $Yb^{3+}$：$YLiF_4$ 纳米晶粉末的光学特性，旨在探索其在光学制冷应用中的潜力[85]。然而，与块状晶体相比，在纳米晶体中并没有观察到量子效率或吸收的增强。研究团队发现了一些不利于冷却的稀土杂质，例如铥、铒和钬。通过寿命测量，他们发现在 15mol% 的浓度下，纳米晶体样品的荧光发生强烈的猝灭。此外，纳米晶体中 $Yb^{3+}$ 的寿命比大块单晶短，这表明前者的量子产率很低，因此无法实现有效的冷却。

# 1.5
# 固体材料激光冷却技术的应用方向

## 1.5.1 全固态光学制冷器

随着掺杂 $Yb^{3+}$ 的氟化物晶体材料成功冷却至绝对温度 100K 以下，全固态低温光学制冷器的研发前景愈发光明。如图 1.3（a）所示，新墨西哥大学的 M. Sheik-Bahae 团队在 2016 年创新性地设计了星载光学制冷器模型[86]。这款星载制冷器精心设计，由高效的冷却材料、精确的泵浦系统以及优质的热导部件三大核心组成。其中，制冷器的核心是一块具备卓越激光冷却性能的 $Yb^{3+}$：YLF 晶体。值得一提的是，其热导带采用 L 型扭结结构的蓝宝石材料，这种独特设计使得晶体在工作时发射的大部分荧光能够沿着热导带有效传播并逸散到空间中，而不会干扰到冷指（即搭载芯片的关键部位）。2018 年，美国洛斯阿拉莫斯国家实验室的 Hehlen 等[87] 再次取得突破，他们构建的全固态光学制冷器，成功将 HgCdTe 红外传感器冷却至 134.9K。这款制冷器的"心脏"是一块高纯度 10% $Yb^{3+}$：YLF 晶体，它被精准地放置在 Herriott 非共振腔内，确保了高效的冷却效果。同时，未掺杂的高纯度 YLF 材料被精心设计成热导带结构，以最优方式将 YLF 晶体产生的低温传导至冷指。此外，热导带与铜冷指接触的表面还精心镀上了银膜和金膜：银膜用以高效反射荧光，而金膜则起到保护银膜，防止氧化的关键作用。为了确保冷却效果的最大化，他们还采用了热导率极低的气凝胶材料将冷却系统与外部环境隔离，整体结构如图 1.3(b) 所示。这一重要成果无疑标志着低温光学制冷器在实用化道路上迈出了坚实的一步。

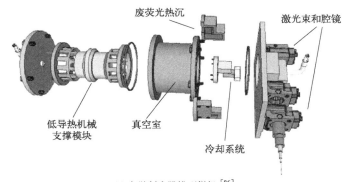

(a) 光学制冷器模型样机[86]

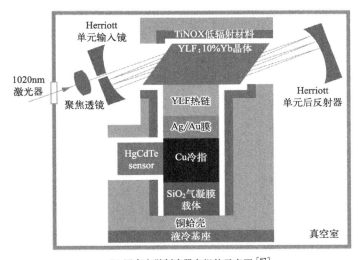

(b) 固态光学制冷器各组件示意图[87]

图 1.3　光学制冷器模型样机与固态光学制冷器各组件示意图

现有的三种制冷技术特点如表 1.4 所示。光学制冷器与基于 Peltier 效应的热电制冷器（TECs）都具有无机械振动的优点。但 TECs 的极限冷却温度为 180K，而理论上光学制冷器可以冷却到 50K（掺杂稀土的玻璃或晶体）或 10K（半导体材料）。基于机械冷却的斯特林循环冷却器可以达到 10K 以下的温度，但它无法避免机械振动。而光学制冷器可以克服上述制冷器的不足，理论上能够在 10～180K 范围内实现无振动的低温制冷。因此，对于那些需要高度可靠且无振动的冷却解决方案的应用场景来说，光学制冷器无疑是最佳的选择。

**表 1.4　低温冷却系统的优势比较**

| 特征 | 光学制冷器 | 热电制冷器 | 机械制冷器 |
| --- | --- | --- | --- |
| 固态 | 是 | 是 | 否 |
| 振动 | 无 | 无 | 中 |
| 可靠性 | 高 | 高 | 中 |
| 冷却至 180K | 是 | 否 | 是 |
| 效率 | 中 | 无 | 高 |
| 冷却至 60K | 否 | 否 | 是 |

低温光学制冷器在以下几个方面有着重要的应用前景[86]。

① 红外相机可用于夜视、跟踪、搜索、救援、无损评估、气体分析和状态监测。制冷型红外相机的灵敏度和信噪比要远高于非制冷型相机，拍摄快速或高分辨率的图像需要采用制冷型红外相机，然而相机轻微的抖动都会严重降低图像的质量。对于卫星上红外探测器的制冷，全固态光学制冷器是一个很好的选择。由于光学制冷器结构具有无振动、结构紧凑、质量轻等优点，将为卫星任务大大节省成本，另外由于没有运动部件的损耗，光学制冷器还具有很长的使用寿命。

② 制冷型高纯锗（HPGe）伽马射线光谱仪：在探测和识别核材料方面，制冷型高纯锗（HPGe）$\gamma$ 射线光谱仪扮演着至关重要的角色，对于国土安全和拦截走私核材料具有重大意义。为了确保其精准运行，HPGe 光谱仪必须被冷却至 120K 以下的超低温度。同时，冷却系统的稳定性也至关重要，任何明显的振动都可能对仪器的性能产生不利影响。在 HPGe 光谱仪的工作过程中，高压电路负责测量电流，该电流的大小直接与 $\gamma$ 射线激发的电子-空穴对数量相关。因此，即使是极微小的运动也可能导致电容变化，进而在电流中引入噪声，

使得伽马射线光谱的分析变得模糊和不准确[88]。在这种情况下，光学制冷器凭借其独特的优势，为 HPGe 光谱仪提供了高效且稳定的制冷解决方案。

③ 超稳激光器和干涉仪等设备在高精度计量学中起到关键作用，包括引力波探测、量子精密测量和时频体系建设等。精确测量和控制激光频率是光频原子钟技术的核心，而激光的灵敏度和稳定性则受到激光腔空间和镜面中布朗噪声的影响。为了降低这种噪声，NIST 的研究人员[89]利用单晶硅制造出了一种激光干涉腔，取得了显著的降噪效果。然而，这种干涉腔目前采用氮气蒸发进行冷却，而光学制冷技术作为一种有望在 124K 以下实现无振动工作的技术，被认为是更加便携和稳固的制冷解决方案。图 1.4 展示了 NIST 硅参考腔光学制冷器的设计模型，该模型中没有使用任何冷却剂。热量通过"蛤壳"结构由热电冷却器进行平衡，并通过管道和鳍片进行散热。热导带则连接着冷却晶体和硅参考腔的外壳，确保高效的热传导和稳定的温度控制。

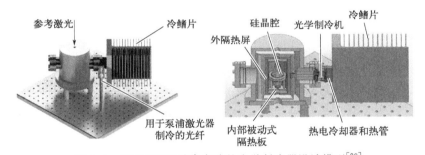

图 1.4　用于 NIST 硅参考腔的光学制冷器设计模型[90]

④ 低温电子显微镜和电子断层扫描技术使研究人员能够详细观测细胞中生物大分子的结构，为分子生物学研究提供了近原子级分辨率的新工具，是对 X 射线晶体学和核磁共振光谱学的补充[91]。传统的液氮冷却的电子低温显微镜受到杜瓦瓶尺寸和流量控制等的限制，而机械制冷器引入的振动和热电制冷器的温度限制都使其无法满足需求。相比之下，无振动的光学制冷器可以降低电子低温显微镜的复杂性并提高其稳定性。

⑤ 光学制冷器由于具有质量轻、结构紧凑和可靠性高等优点，对于天线系统中的天线系统中的低噪声放大器（LNA）冷却具有重要应用价

值。天线系统的灵敏度取决于天线的噪声系数，并随着天线的冷却而提高。通过冷却 LNA，天线系统可以用更小的有效面积达到同等灵敏度。研究表明，将 LNA 冷却到 115K 可以使天线面积减少约 43%[92]。

综上所述，低温光学制冷器在红外相机、γ 射线光谱仪、超稳激光器和干涉仪、低温电子显微镜和电子断层扫描技术以及天线系统中的低噪声放大器等领域展现出巨大的应用前景。

## 1.5.2　辐射平衡激光器

激光过程通常伴随着热量的产生，这会导致增益介质的温度上升，并引发一系列不良效应，如热梯度和热应力。这些因素最终可能导致激光器的性能下降，如光束质量变差，激光效率降低，甚至输出功率受损。热效应已成为限制高功率激光器性能的关键因素[93]。因此，在高功率激光器中减少甚至消除热负载具有重大意义。

1999 年，Bowman 提出了辐射平衡激光器（RBLs）的概念。这种激光器利用反斯托克斯荧光制冷技术来抵消由于量子缺陷和非辐射弛豫产生的热量[94]。（RBLs）的概念。通过选择适当的泵浦光波长 $\lambda_P$，使其位于平均荧光波长 $\lambda_F$ 和激光波长 $\lambda_L$ 之间，在辐射平衡条件下，反斯托克斯荧光能够有效地降低泵浦、激光辐射和非辐射弛豫等过程中产生的热量。具体来说，需要满 $Q_{cool}^F - Q_h^P - Q_h^{NR} - Q_h^L \geqslant 0$ 的条件，从而实现激光的辐射平衡运转。图 1.5 展示了固体材料中 $Yb^{3+}$ 离子的 4f 跃迁过程，这是实现辐射平衡激光器的重要基础[95]。

2010 年，Bowman 等在实验中首次实现了辐射平衡激光器[96]。如图 1.6(a) 所示，他们使用 1030nm 的高功率光纤激光器来泵浦 $Yb^{3+}$：YAG 晶体棒。这个晶体棒的直径为 3mm，长度为 120mm，从而产生了 1050nm 的近衍射极限激光。通过精确地平衡自发辐射和受激辐射，他们成功地将净热负载功率降低到激光平均输出功率的 0.01% 以下。这种激光器实现了 500W 的激光输出，光-光转换效率高达 26%。然而，由于棒状材料的特性，该激光器存在一些挑战。具体来说，棒状材料中存在径向和纵向的温度梯度，这可能导致荧光再吸收问题。这些问题可能导致横模不稳定和光-光转换效率降低等。尽管如此，这一开创性的工作为辐射平衡激光器的发展奠定了基础，并为未来的研究提供了宝贵的启示。

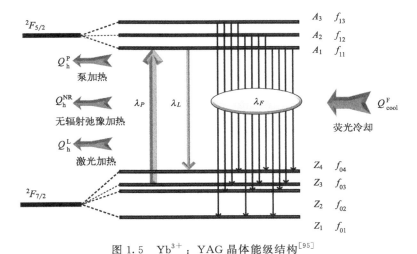

图 1.5　Yb$^{3+}$：YAG 晶体能级结构[95]

图中 $\lambda_P$、$\lambda_L$ 和 $\lambda_F$ 分别表示泵浦光波长、激光波长和平均荧光波长

　　与棒状激光器相比，碟片激光器在泵浦光和激光之间更容易保持良好的模态重叠。此外，由于 RBLs 不受热扩散的限制，其增益片的厚度可以比传统碟片激光器的增益片更厚。2019 年，Yang 等[97] 首次实现了内腔泵浦结构的 Yb$^{3+}$：YAG 碟片辐射平衡激光器。该激光器的结构如图 1.6(b) 所示，其中使用了厚 0.5mm、截面 4mm×5mm 的 Yb$^{3+}$：YAG 晶体作为增益介质。他们采用 808nm 的大功率二极管激光器作为垂直外腔面发射激光器（VECSEL）的泵浦源，使其产生 1010 ～ 1040nm 的激光来泵浦 Yb$^{3+}$：YAG 增益介质。为了调谐腔内工作波长，腔内采用了石英双折射滤光片（BRF）。当 808nm 二极管激光器的功率为 57W 时，腔内 VECSEL 的功率达到 130W（$\lambda_P = 1030$nm），此时增益介质 Yb$^{3+}$：YAG 处于辐射平衡状态。在辐射平衡条件下，Yb$^{3+}$：YAG 的温度与室温几乎一致。通过热成像照片可以观察到这一现象。Yb$^{3+}$：YAG 吸收的功率约为 7W，辐射平衡激光的输出波长为 1050nm，总功率为 1.05W，光-光转换效率为 15%。这一研究为碟片激光器在辐射平衡方面的应用提供了新的思路和实验依据。

　　以上提到的两个辐射平衡激光器均采用 Yb$^{3+}$：YAG 晶体作为增益介质。然而，研究人员也在探索其他增益介质在 RBLs 中的应用方案。

(a) Yb$^{3+}$：YAG辐射平衡激光器运行过程中
增益介质的热图像[96]

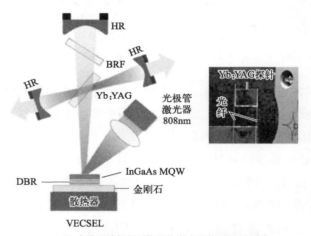

(b) 内腔泵浦辐射平衡叠片激光器装置原理图[97]

图 1.6　增益介质热图像与激光器原理图

2019 年，Rostami 等[26] 提出了一种创新的双色 RBLs 方案，采用 Tm$^{3+}$：YLF 和 Ho$^{3+}$：YLF 晶体串联结构。这种方案利用两种不同波长的激光来实现辐射平衡，进一步拓展了 RBLs 的应用范围。

2021 年，Knall 等[98] 提出了包层冷却掺 Yb$^{3+}$ 光纤 RBLs 方案。尽管这一方案在技术上具有挑战性，但实验结果显示，该方案中 RBLs 的整体光电转化效率远低于传统冷却包层泵浦激光器。

2021 年，Knall 等[99] 在掺 Yb$^{3+}$ 二氧化硅光纤中成功实现了辐射平衡激光器。在 1040nm 激光泵浦下，光纤激光器输出激光波长为 1065nm，阈值功率为 1.07W，效率斜率为 41%。当输出功率为 114mW

时，2.64m 长的掺 $Yb^{3+}$ 光纤激光器的平均温度仅比室温高不到 3mK。这项工作证明了 RBLs 在光纤激光器中的可行性，为未来的研究提供了新的思路和方向。

尽管掺杂稀土离子的固体激光器中的 RBL 研究已经相对成熟[100]，但在半导体激光器中实现 RBL 仍然面临许多挑战[101,102]。由于半导体材料的低吸收率导致激光效率非常低，因此在半导体激光器中实现 RBL 的道路仍然充满障碍。未来需要更多的研究和技术突破来解决这些问题，以推动 RBLs 在更多领域的应用和发展[103,104]。

## 1.5.3　生物医学方面的应用

### 1.5.3.1　光冷探针

癫痫是一种严重的神经系统疾病，影响着全球约 1% 的人口[105,106]。大部分患者可以通过药物或手术得到治疗，但部分患者可能对药物过敏或在手术后复发[107,108]。如图 1.7(a) 所示，局灶性冷却是癫痫的一种有前景的替代疗法。最近的研究发现，将大脑皮层病灶冷却至略高于 300K 的温度，可以有效终止癫痫放电，且不会导致不可逆的神经生理功能障碍或脑组织中的神经元损伤[109-111]。在这些研究中，Peltier 型热电装置被用于冷却大脑皮层病灶。然而，这种方法并不适合开发用于冷却大脑深处病灶的植入式设备，因为需要从另一侧散热。因此，面临的挑战在于设计一种能够长期植入大脑的局部冷却系统，能快速有效地冷却癫痫病灶，并满足以下要求：①对组织加热不超过 2K；②直径约 1.3mm 的柔性探针；③生物相容。为了解决这一问题，Q. Mermillod 等[31] 提出了一种基于固体材料激光冷却技术的微型冷却探针方案，如图 1.7(b) 所示。这种探针还集成了电极阵列，不仅可以记录神经活动，检测癫痫发作，还能降低周围组织的温度。然而，这种技术面临的问题是组织会吸收晶体发射的荧光而导致温度升高。因此，必须深入研究组织对荧光的吸收情况，以减少有害的加热效应。

DBS 选用 10% $Yb^{3+}$：YLF 晶体作为冷却材料，但掺杂稀土离子的晶体往往具有毒性，缺乏生物相容性，因此必须实施严格的封装。该晶体尺寸为直径 1mm，长 10mm，其后端面镀有反射膜。探头采用锥形蓝宝石，这种材料具有良好的生物相容性、低光吸收和高导热系数，成为

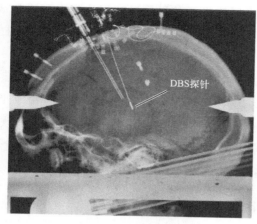
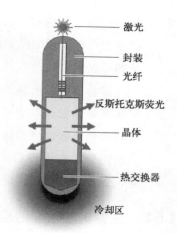

(a) 外科手术中在丘脑前核植入深部
脑刺激探针(DBS)的X射线图像

(b) 基于光学制冷的冷却探针示意图

图 1.7　药物难治性癫痫的替代疗法[31]

理想的热导材料。通过在晶体周围进行真空封装，可以忽略封装材料对荧光的吸收。锥形蓝宝石冷指将热量从水传递到冷却晶体，并有效隔绝YLF 晶体。

Mermillod 等利用 ZEMAX 软件进行了光热模拟。在模拟中，他们用 310K 的水代替人脑环境。当探针被 19W、1020nm 激光泵浦 10s 后，与探头接触的水的温度降低到 280K。然而，冷却晶体周围的水吸收荧光后温度上升至 320K。尽管模拟研究证明了该技术对液体的冷却能力，但也揭示了水吸收荧光所产生的有害加热。为了解决这一问题，他们采用 Semrock 二向色滤光片，这种滤光片仅反射大于平均荧光波长的荧光，从而大幅降低了由荧光导致的加热。

该研究成果证明了基于固体材料激光冷却技术将大脑深处立方毫米体积组织冷却至 300K 以下的可能性。这一突破为开发一种完全可植入式设备以治疗医学上难治性癫痫铺平了道路。在光学冷却在大脑深处进行冷冻手术或治疗的应用前景中，固体材料激光冷却技术展现出巨大的潜力。

### 1.5.3.2　冷光镊

光镊技术已被广泛应用于捕获和操控胶体粒子与生物体[112,113]，为纳米技术[114,115]、物理学[116-118] 和生物学[119,120] 等领域带来了显著的进步。然而，由于存在衍射极限，使用光镊捕获纳米级物体变得相当困难[121]。为了克服这一挑战，通常需要使用强聚焦和高光强的激光，但这又可能导致纳米颗粒和生物样品受到光损伤和光热降解[122-124]。近场光学纳米镊利用等离激元增强光学力，在金属纳米天线[125,126] 或等离子纳米孔[127] 上实现了对纳米粒子和分子的精准俘获，并显著降低了所需的激光功率。然而，局域近场增强也可能引发强烈的等离子体加热，从而限制了动态操纵的能力。此外，通过光控电场或温度场实现的间接光力学耦合，已用于操控低光强度和高韧性的颗粒与细胞[128-130]。但需要注意的是，这种技术仍然存在潜在的光热损伤风险，可能对研究和使用光镊捕获易碎纳米材料和热敏生物样品造成一定阻碍。总结而言，尽管光镊技术在多个领域都展现出巨大的应用潜力，但如何平衡激光强度与样品安全性仍然是一个亟待解决的问题。未来研究需要进一步探索如何优化光镊技术，以实现对纳米级物体的稳定、高效操控，同时确保样品的安全性。

最近，Li 等[32] 开发了一种名为冷光镊的技术，它利用光学制冷与热泳的协同作用，实现在激光产生的冷点上的物体动态操纵。该技术的基本构造和工作原理如图 1.8 所示。在实验中，$Yb^{3+}$：YLF 层作为光制冷俘获的基础，通过 1020nm 激光的泵浦，在溶液中产生了一个局部的非均匀温度梯度场。这个温度梯度场通过热泳作用，使得溶液中的胶体粒子和分子能够被囚禁在低温区域。由于囚禁位置的低温，光热损伤被消除，使得冷光镊可以在液体介质中俘获各种耐热性的胶体粒子和生物分子。通过热像仪测量，发现在光强为 $25.8mW/\mu m^2$ 时，激光中心位置的温度下降了约 7.5K。模拟结果显示，在激光点处形成了一个封闭的冷却区域，并且从激光束向外呈现三维的温度梯度在激光束中心区域，温度梯度高达 $1\times10^7 K/m$。随着入射光强的增加，基底的温度下降了 6~10K，而温度梯度从 0.6K/m 增加到 $1.4\times10^7 K/m$。在这样强的温度梯度场 $T$ 下，胶体粒子或分子的热扩散漂移速度 $v_T = -DS_T\nabla T$[131,132]，其中 $D$ 和 $S_T$ 分别为扩散系数和 So 稀土 $t$ 系数。通常，多数粒子和分子表现出具有正 $S_T$ 的疏热行为，在温度梯度中会向较冷区域迁移。在该实验中，热电泳将粒子和分子驱动到激光产生的冷点，并将它们囚禁在激光束中心。溶液中有效热释光俘获力为 $F_T = \gamma v_T = -k_B TS_T\nabla T$，其中 $\gamma$ 为与玻尔兹曼常数 $k_B$ 相关的摩擦系数，二者满足 $\gamma D = k_B T$。对于 $S_T$ 约为 4K 的胶体纳米粒子[133-135]，获得了约

200fN 的最大俘获力和约 $45k_BT$ 的俘获势，表明对纳米粒子实现了稳定俘获。

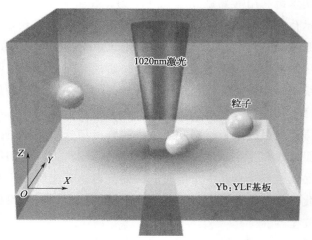

图 1.8　冷光镊工作原理[32]

除了上述的优点，J. Li 等人还利用冷光镊技术对一个聚苯乙烯纳米粒子进行了吸引、俘获和释放的实验。与其他光镊和等离子体镊相比，温度梯度场俘获的优点在于其工作范围广泛，能够有效地俘获距离激光束 $10\mu m$ 以上的纳米粒子。冷光镊不仅提供了一个通用的平台来捕获纳米粒子和具有疏热性的分子，其独特的优势在于能够俘获和操纵低损伤的物体。这一特性使冷光镊在胶体科学和生物学的研究中具有显著的优势。与传统的光镊相比，冷光镊依靠温度梯度场来俘获目标物体。因此，采用弱聚焦激光束（数值孔径＝0.5～0.7）显著降低了对物体的光损伤。同时，在冷却区捕获物体可以避免其他光镊平台常见的光加热和由此产生的热退化。对于生物分子而言，许多蛋白质和 RNA 分子在高温甚至环境温度下就会受热降解[136,137]。因此，冷光镊为这些生物大分子提供了新的可能性，使其可以在降低环境温度（$T>10K$）的同时被捕获，这大大增强了热敏分子的稳定性。

尽管冷光镊技术展现出巨大的潜力，但仍存在一些局限性。它可以操纵具有疏热性和正 Soret 系数的纳米粒子和分子，但对于具有负 Soret 系数的粒子则不太适用。因此，作为一项新技术，冷光镊仍需不断加强和优化其优势。然而，冷光镊具有稳定俘获、动态操作和非侵入性操作的能力，使其成为一种强大的纳米工具，为材料科学、物理化学和生物科学等领域带来了新的机遇。随着更多创新和研究的深入，固体材料激光冷却技术在实际应用上有望迈入新的领域。

综上所述，随着新趋势和创新的不断涌现，固体材料激光冷却技术展现出多样化的应用前景。尽管仍存在诸多难题需要解决，但其潜力和价值值得我们去探索和努力。

# 1.6
## 本书的主要内容

本书主要围绕固体材料激光冷却的实验研究展开，研究对象为氧化物晶体 $Yb^{3+}$：YAG 和氟化物晶体 $Yb^{3+}$：LLF/$Yb^{3+}$：YLF。在实验过程中，我们深入探讨了不同掺杂浓度的 YAG 晶体在激光冷却方面的表现，并着重比较了 $Yb^{3+}$ 掺杂浓度对 YAG 晶体激光冷却性能的影响。同时，我们还将高纯度的 $Yb^{3+}$：LLF 晶体成功冷却至低温学温度 123K 以下，从而直接证明了 $Yb^{3+}$：LLF 在激光冷却方面的优异性能，使其成为与 $Yb^{3+}$：YLF 相媲美的材料。

在章节安排上，本书第 1 章回顾了光学冷却的研究背景，总结了固体材料激光冷却的当前研究进展，并指出了进行固体材料激光冷却研究的目的和意义。

第 2 章介绍了基于四能级模型的固体材料激光冷却理论，推导出了固体材料激光冷却效率公式，并分析了外部量子效率和背景吸收系数对冷却效率的影响。此外，还指出了经典冷却效率模型存在的问题，并介绍了修正后的冷却效率公式。最后，阐明了激光冷却过程中作用在样品上的热负载来源，并分析了稳态条件下的热流微分方程，为最小化热负载指明了方向。

第 3 章详细介绍了冷却参数的测量和计算过程。首先对荧光收集系统的光学响应进行了校准。然后介绍了低温恒温器实验装置，测量了样品在不同温度下的荧光谱。此外，还介绍了通过 McCumber 关系获得吸收谱的过程。最后利用特殊设计的真空探测腔，对样品进行了 LITMoS 测试，获得了外部量子效率和背景吸收系数。

第 4 章主要研究了 $Yb^{3+}$：YAG 晶体的激光冷却。首先利用 LITMoS 测量了不同 $Yb^{3+}$ 掺杂浓度 YAG 晶体的冷却参数，并逐一分析了掺杂浓度对各冷却参数的影响。此外，针对一系列掺杂浓度的 $Yb^{3+}$：YAG 晶体开展了激光冷却实验研究。最后对 $Yb^{3+}$ 离子掺杂浓度同为 7.5％的氟化物晶体 YLF 和氧化物晶体 YAG 的光谱特性和激光冷却性能进行了全面的表征和比较。

第 5 章介绍了 $Yb^{3+}$：LLF 晶体的激光冷却实验。首先对比了 $Yb^{3+}$：LLF 和 $Yb^{3+}$：YLF 两种氟化物晶体性质上的差异，并指出了 $Yb^{3+}$：LLF 的优势。然后探索了以提高冷却效率为目的的荧光管理方法。接着介绍了非共振腔增强吸收的方案，并给出了数值计算和软件模拟结果。此外还介绍了热负载管理的方案，并分析了各种热负载所占比重。最后在有效屏蔽黑体辐射后，将超纯的 7.5％$Yb^{3+}$：LLF 晶体从室温冷却至低温学温度 123K 以下，使 LLF 晶体成为继 YLF 晶体后第二种低于 123K 的材料，进一步证明了 LLF 晶体的激光冷却潜力。

第 2 章

# 固体材料激光冷却的理论

# 2.1
# 概述

自 1995 年 R. I. Epstein 等在实验中首次观察到固体材料的激光净制冷以来，固体材料激光冷却的理论研究不断取得突破性进展。1998 年，Epstein[138] 提出了能量平衡模型，用于描述掺杂稀土离子的固体材料激光冷却的物理过程，这一模型为理解激光冷却机制奠定了基础。2000 年，Frey 小组、秦伟平小组以及 Fernández 小组相继提出了三能级模型[139]、能量传递模型[140] 和基于量子微扰理论的光子-声子相互作用模型来详细描述固体激光冷却的动力学过程[14]。这些模型进一步深化了我们对固体激光冷却动力学过程的理解。2007 年，R. I. Epstein 在前人基础上，提出了四能级理论模型[141]。该模型对掺杂稀土离子固体材料激光冷却的特性和实验结果进行了高度一致的描述，并能够准确预测材料的激光冷却特性。这一模型的提出，标志着固体材料激光冷却理论研究的成熟。本章首先详细介绍了四能级理论模型，该模型对于理解固体材料激光冷却的机制至关重要。接着，基于该模型建立速率方程，推导出了固体材料的制冷效率公式。考虑到低温条件下的特殊情况，对制冷效率公式进行修正。最后，深入分析作用在晶体样品上的热负载，并探讨优化热负载的方案。

# 2.2
# 激光冷却的四能级模型

稀土离子的激光冷却循环发生在多能级基态与激发态之间。如图 2.1(a) 所示，以光学制冷实验中最常用的掺杂离子 $Yb^{3+}$ 为例，其基态 $^2F_{7/2}$ 和激发态 $^2F_{5/2}$ 在晶场中分别劈裂为 4 个子能级和 3 个子能级。冷却循环包含四个基本过程：①激光激发离子，使其从基态能级组的顶部跃迁到激发态能级组的底部；②受激离子吸收声子与晶格快速完成热弛豫；③激发态离子自发辐射弛豫到基态，同时释放携带更大能量

的荧光光子（$h\nu_f > h\nu$）；④基态离子同样吸收声子与晶格完成热弛豫；这样就形成了一个封闭的冷却循环过程。为了阐明各种材料参数在光学制冷过程中所起的重要作用，Sheik-Bahae 和 Epstein 建立了四能级模型，该模型适用于任何二能级组的激光冷却系统[86]。如图 2.1（b）所示，基态和激发态各由两个子能级组成，分别标记为 $|0\rangle$ 和 $|1\rangle$，$|2\rangle$ 和 $|3\rangle$。$|0\rangle$ 和 $|1\rangle$ 之间的能级劈裂间隙为 $\delta E_g$，$|2\rangle$ 和 $|3\rangle$ 之间的能级劈裂间隙为 $\delta E_u$。调谐泵浦激光 $h\nu$ 至基态和激发态之间最低的能量跃迁共振，即 $|1\rangle \rightarrow |2\rangle$ 的跃迁。尽管稀土离子中 4f 壳层的电子-声子相互作用很弱，但每个二能级组上布居的电子都能够在皮秒到纳秒的时间尺度内建立玻尔兹曼准平衡，$\omega_g$ 和 $\omega_u$ 表示热弛豫速率。在两个能级内超快热弛豫后，斯塔克能级之间的多重态跃迁同时存在自发辐射和非辐射弛豫两种形式。辐射和非辐射弛豫率分别为 $W_r$ 和 $W_{nr}$，要产生净冷却，发生在斯塔克能级之间的多重态弛豫以辐射弛豫为主，即 $W_{nr} \ll W_r$。

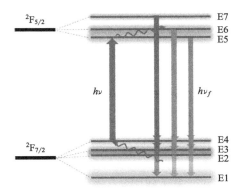 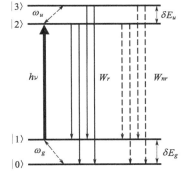

(a) 离子在晶场中的能级结构      (b) 简化的四能级模型

图 2.1   离子在晶场中的能级结构及简化的四能级模型

分图（a）为 $Yb^{3+}$ 离子在晶场中的能级结构，基态分裂为 E1—E4 和激发态分裂为 E5—E7。

向上箭头表示 E4→E5 跃迁，频率 $h\nu$ 的激发光；向下箭头表示辐射弛豫的路径。

分图（b）为简化的四能级模型，由两对间隔紧密的能级组成：

基态 $|0\rangle$ 和 $|1\rangle$ 以及激发态 $|2\rangle$ 和 $|3\rangle$。

各能级电子布居数密度 $N_0$、$N_1$、$N_2$ 和 $N_3$ 遵循的速率方程如下[86]：

$$\frac{dN_1}{dt} = -\sigma_{12}\left(N_1 - \frac{g_1}{g_2}N_2\right)\frac{I}{h\nu} + \frac{R}{2}(N_2 + N_3) - \omega_g\left(N_1 - \frac{g_1}{g_2}N_0 e^{-\frac{\delta E_g}{k_B T}}\right)$$

$$(2.1)$$

$$\frac{dN_2}{dt} = \sigma_{12}\left(N_1 - \frac{g_1}{g_2}N_2\right)\frac{I}{h\nu} - RN_2 + \omega_u\left(N_3 - \frac{g_3}{g_2}N_2 e^{-\frac{\delta E_u}{k_B T}}\right) \quad (2.2)$$

$$\frac{dN_3}{dt} = -RN_3 - \omega_u\left(N_3 - \frac{g_3}{g_2}N_2 e^{-\frac{\delta E_u}{k_B T}}\right) \quad (2.3)$$

$$N_t = N_0 + N_1 + N_2 + N_3 \quad (2.4)$$

式中，$R = 2W_r + 2W_{nr}$ 为激发态总的弛豫率，$\sigma_{12}$ 是对应 $|1\rangle \rightarrow |2\rangle$ 跃迁的吸收截面，$I$ 是入射激光强度，$g_i$ 表示各能级简并系数。电子-声子相互作用项（$\omega_g$ 和 $\omega_u$）中的加权因子保持各能级间的玻耳兹曼分布处于准平衡状态。系统中的净功率密度是吸收和发射功率密度之差，表示为：

$$P_{net} = \sigma_{12}\left(N_1 - \frac{g_1}{g_2}N_2\right)I - W_r\left[N_2(E_{21} + E_{20}) + N_3(E_{31} + E_{30})\right] + \alpha_b I$$

$$(2.5)$$

式中第一项对应 $|1\rangle \rightarrow |2\rangle$ 跃迁的激光泵浦，第二项包括来自 $|2\rangle$ 和 $|3\rangle$ 的自发辐射项及相应光子的能量，最后一项是泵浦激光的背景吸收（吸收系数为 $\alpha_b$）。令 $dN_1/dt = dN_2/dt = dN_3/dt = 0$，为进一步简化，假定四个能级的简并度相等，从而消除 $g_1/g_2$ 项。求解速率方程的稳态解，得到根据激光强度和给定材料参数的各能级电子的布居数。忽略饱和效应，净功率密度可以简化为：

$$P_{net} = \alpha_r I\left(1 - \eta_q \frac{h\nu_f}{h\nu}\right) + \alpha_b I \quad (2.6)$$

式中，$\eta_q = (1 + W_{nr}/W_r)^{-1}$，为内部量子效率。

四能级系统的平均荧光能量 $h\nu_f$ 为：

$$h\nu_f = h\nu + \frac{\delta E_g}{2} + \frac{\delta E_u}{1 + (1 + R/\omega_u)e^{\delta E_g/(k_B T)}} \quad (2.7)$$

基态共振吸收系数 $\alpha_r$ 为：

$$\alpha_r = \sigma_{12}N_t\left[1 + e^{\delta E_g/(k_B T)}\right]^{-1} \quad (2.8)$$

四能级模型描述了固体材料光学冷却的物理过程和冷却效率随温度的变化情况。第一，低温下 $k_B T < \delta E_g$，基态上能级的电子布居数减小，导致共振吸收减弱。掺杂 $Yb^{3+}$ 的氟化物晶体具有较小的基态能级劈裂间隙 $\delta E_g$，使其在低温下仍能保证合理的冷却效率。第二，随着温度降低，平均荧光波长发生红移，从而降低了自发辐射荧光的平均能

量。当电子-声子相互作用速率 $\omega_u$ 小于上能级弛豫率 $R$ 时还会使红移增大。这意味着，如果 $\omega_u < R$，激发态弛豫可以发生在晶格热弛豫之前，从而导致较少的荧光上转换和冷却[142]。在掺杂稀土离子的系统中，$R$ 约为 $W_r$ 约为 $10^3 \mathrm{s}^{-1}$，表示与 4f-4f 偶极禁戒跃迁有关的小振子强度，辐射弛豫率几乎与晶格温度无关。被屏蔽的 4f 价电子的电子-声子耦合强度取决于声子布居数，并强烈依赖于温度。文献[143] 中报道的在 300K 时的自旋-晶格弛豫时间约 5ps，140K 时约为 60ps，50K 时可达到纳秒，但仍比辐射寿命小好几个数量级，从而所有情况下均能保证 $R/\omega_{g,u} \ll 1$。

定义冷却效率 $\eta_c$ 为净功率密度 $P_{net}$ 与总吸收功率密度 $P_{abs} = (\alpha_r + \alpha_b) I$ 之比，即[86]：

$$\eta_c = -\frac{P_{net}}{P_{abs}} = \eta_q \eta_{abs} \frac{\nu_f}{\nu} - 1 \qquad (2.9)$$

式中，$\eta_{abs} = \alpha_r / (\alpha_r + \alpha_b)$，$\alpha_b$ 源于杂质离子的背景吸收系数。根据四能级模型得到的冷却效率从物理角度阐述了冷却的温度依赖性。随着温度的降低，平均荧光波长红移和共振吸收减小，导致冷却效率随之减小。当冷却至某一温度 $T_m$ 时，$\eta_c(T_m) \rightarrow 0$，冷却终止。式(2.9) 指出了提高冷却效率和降低最低可实现温度的途径：提高荧光量子效率、增强共振吸收、降低背景吸收或选择具有基态能级劈裂间隙较窄的材料。

# 2.3

## 经典的冷却效率

如图 2.2(a) 所示，固体材料激光冷却基于反斯托克斯荧光，发射的荧光光子的平均能量大于吸收的泵浦光光子的能量，即 $\lambda > \lambda_f$。图 2.2(b) 给出了 $7.5\% \mathrm{Yb}^{3+}$：YLF 晶体的吸收谱与荧光谱，掺杂离子相互重叠的吸收谱与发射谱是产生光学制冷的必备条件，泵浦激光波长位于吸收谱中大于平均荧光波长的区域，该区域称为"冷却尾巴"。平均荧光波长是温度的函数，计算公式为[144]：

$$\lambda_f(T) = \frac{\int \lambda S(\lambda, T) \mathrm{d}\lambda}{\int S(\lambda, T) \mathrm{d}\lambda} \qquad (2.10)$$

式中，$S(\lambda, T)$ 是样品在不同温度下发射的荧光谱。

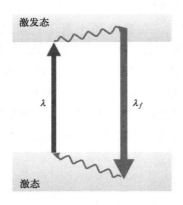

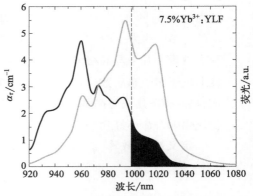

(a) 固体材料光学制冷循环示意图　　　　(b) 7.5%Yb³⁺ : YLF晶体吸收谱与荧光谱

图 2.2　固体材料光学制冷循环示意图与晶体吸收谱、荧光谱

a. u. 为任意单位，表示相对大小

理想的反斯托克斯过程中，不存在非辐射弛豫，产生的自发辐射荧光光子全部从样品中逃逸而没有被再吸收，平均荧光光子和吸收光子的能量差即是荧光从系统中带走的热量。理想情况下的冷却效率为[86]：

$$\eta_c = \frac{h\nu_f - h\nu}{h\nu} = \frac{\lambda}{\lambda_f} - 1 \qquad (2.11)$$

与式（2.11）相比，式（2.9）考虑了部分降低冷却效率的损耗通道，即非辐射弛豫和杂质吸收。激发态的多声子猝灭和杂质介导过程构成了损耗通道的主要机制，这种机制通过多声子发射和吸收泵浦光产生热量降低反斯托克斯过程的吸收和辐射效率。除此之外，部分反斯托克斯荧光光子由于内部全反射和再吸收而被困在材料内部，因此将内部量子效率 $\eta_q$ 替换为外部量子效率 $\eta_{ext}$。经典的冷却效率为[16]：

$$\eta_c(\lambda, T) = \eta_{ext}\eta_{abs}(\lambda, T)\frac{\lambda}{\lambda_f(T)} - 1 \qquad (2.12)$$

式中，$\eta_{ext} = \eta_e W_r / (\eta_e W_r + W_{nr})$，$\eta_e$ 是荧光逃逸效率，表示受激离子发射的荧光光子成功逃逸的概率；$W_{nr}$ 包括多声子非辐射弛豫和与浓度猝灭相关的其他非辐射弛豫，$W_{nr} = W_{mp} + \sum_i W_i$ [20]。Yb³⁺ 与杂质离子（包括 OH⁻、过渡金属离子和其他稀土离子）之间的偶极-偶极相互作用以及 Yb³⁺ 团簇中的 Yb³⁺-Yb³⁺ 相互作用是引起与浓度猝灭有关的非辐射弛豫的主要原因。氟化物晶体具有低的声子能量，这是其成为理想的基质材料的原因之一，低的非辐射弛豫意味着需要更多的声子来弥合激发态和基态能级组之间的能量差，所需声子数越多，发生非辐射弛豫的概率就越小。另外，提高材料纯度可以抑制离子之间的能量转移机制，降低能量向杂质转移的概率。

从图 2.3 可以看到 $\eta_{ext}\eta_{abs}(\lambda, T)$ 因子对冷却效率的影响，荧光囚禁和杂质离子的背景吸收导致系统产生热量使冷却效率减小，在大于 1020nm 的波段，随着波长变长，共振吸收系数 $\alpha_r$ 急剧减小，当 $\alpha_r$ 的值与 $\alpha_b$ 逐渐接近时，冷却将向加热转变，从而在冷却效率曲线上出现拐点。

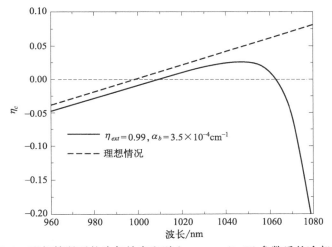

图 2.3　理想情况下的冷却效率和引入 $\eta_{ext}\eta_{abs}(\lambda, T)$ 参数后的冷却效率

荧光光子在逃逸的过程中会受到阻碍，$\eta_e$ 表示荧光受到全内反射的囚禁、缺陷的散射和再吸收等影响后的逃逸率[145,146]。为了增加荧光的逃逸率，需要对样品的各个表面进行精密抛光以消除引起荧光散射或反射的可能性。实验过程中也要格外小心，需要采取必要的措施来防止在表面上形成划痕或沾染灰尘。精细和受控的生长过程确保晶体具有非常小的缺陷。晶体内部或表面的任何散射或反射都会大大增加荧光逃逸的路径。应避免以上所有现象，以确保掺杂离子发射的荧光在晶体内部经历最短距离完成逃逸。荧光光子在晶体内部传播的时间越长，被掺杂离子或杂质再吸收的概率就越大。如果荧光光子被掺杂离子吸收，冷却循环将重新开始，有可能这一次发射荧光的能量经过非辐射弛豫所损失，

而如果荧光被杂质吸收，系统将产生热量。

图 2.4 展示了 $\eta_{ext}$ 的变化对冷却效率 $\eta_c$ 曲线的影响，室温下 $\alpha_b \ll \alpha_r(\lambda)$，$\eta_{abs} \to 1$，因此，当 $\lambda \approx \lambda_f$ 时，冷却效率在平均荧光波长附近随波长呈线性变化，在某波长处 $\eta_c(\lambda_c) = 0$，定义 $\lambda_c$ 为冷却效率的第一个零交叉波长，其与外部量子效率的关系为[144]：

$$\eta_{ext} = \frac{\lambda_f(300\mathrm{K})}{\lambda_c} \tag{2.13}$$

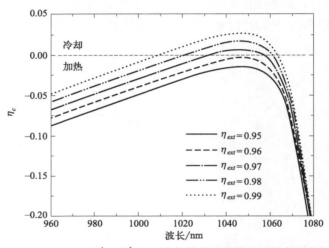

图 2.4　$\alpha_b = 3.5 \times 10^{-4}\,\mathrm{cm}^{-1}$ 时，冷却效率随外部量子效率的变化情况

在光学制冷材料中，背景吸收带远大于稀土离子的共振吸收带，因此经典的激光冷却模型将背景吸收系数 $\alpha_b$ 看作是一个常数。$\alpha_b$ 取决于材料内部杂质的浓度和类型，杂质的存在阻碍冷却过程，这是因为杂质离子吸收泵浦光或荧光后的弛豫过程会产生额外的声子。杂质含量越低，$\alpha_b$ 的值越小，吸收系数 $\eta_{abs}$ 越大。于是在制备光学制冷材料时，高纯度的原料至关重要，并且生长过程中也要格外小心来自外部的污染。根据 7.5% $\mathrm{Yb}^{3+}$：YLF 晶体的光谱数据，图 2.5 展示了在同一外部量子效率下，背景吸收系数的改变对冷却效率的影响，图中圆点和三角线型曲线不平滑的原因是：波长超过 1080nm 后，样品的荧光信号非常弱，从而光谱信噪比较低。冷却效率随着波长变长逐渐增大，到达最大值后开始下降，由理想情况下的冷却效率可知，泵浦激光波长越长，冷却效率越大。但是实际情况下，泵浦激光波长越长，吸收系数越低，但

背景吸收系数不变，这将导致 $\eta_{abs}$ 降低，直到样品由冷却变为加热。背景吸收系数 $\alpha_b$ 越大，冷却效率降低得越快，冷却效率的最大值也会大大降低，并向更短的波长处移动。因此，背景吸收系数的大小决定了第二个零交叉波长的位置。

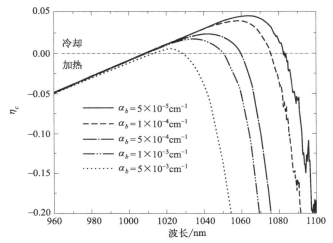

图 2.5　$\eta_{ext} = 0.99$ 时，冷却效率随背景吸收系数的变化情况

产生净冷却的条件是 $\eta_c > 0$，那么 $\eta_{ext}\eta_{abs}(\lambda, T)$ 必须满足[144]：

$$\eta_{ext}\eta_{abs}(\lambda, T) > 1 - \frac{k_B T}{h\nu_f} \qquad (2.14)$$

式中，玻尔兹曼常数 $k_B = 1.380649 \times 10^{-23}$ J/K。$\eta_{ext}\eta_{abs}(\lambda, T)$ 在 300K 时必须大于 96%，77K 时大于 99%。即使满足冷却条件 $\lambda < \lambda_f$，随着温度降低，平均荧光波长红移和共振吸收的减弱，$\eta_c$ 的符号最终也将发生反转。

式(2.12)中的冷却效率理论模型，涉及四个参数用于预测给定材料的冷却性能，分别是：$\eta_{ext}, \alpha_b, \alpha_r(\lambda, T)$ 和 $\lambda_f(T)$。共振吸收系数 $\alpha_r(\lambda, T)$ 和平均荧光波长 $\lambda_f(T)$ 是材料固有的光谱参数，外部量子效率 $\eta_{ext}$ 和背景吸收系数 $\alpha_b$ 是量化冷却性能的参数。优异的冷却性能需要高的外部量子效率和低的背景吸收系数。共振吸收系数和平均荧光波长可以通过与温度相关的光谱进行测量，并用于建立冷却效率的模型曲线。另外，可以通过使用模型曲线拟合冷却效率的实验数据来获得量化样品冷却性能的外部量子效率和背景吸收系数。经典的激光冷却模型假设外部量子效率和背景吸收系数与波长和温度无关，因此可以通过共振吸收系数和平均荧光波长的温度演变来评估低温下的冷却性能，即冷却效率曲线。当四个冷却参数确定后，绘制冷却效率与温度和波长有关的二维图谱，也称之为"冷却窗口"，如图 2.6 所示，中间部分代表冷却，两边代表加热，中间向两边过渡的白色区域中的虚线表示 $\eta_c(\lambda, T)=0$。随着温度的降低，平均荧光波长的红移和共振吸收系数的减小导致冷却效率减小，冷却效率切换符号，由冷却变为加热，这种由冷却向加热的转变对应的温度是样品在给定激发波长处的最低可达到温度（MAT），其中 MAT($\lambda$) 的最小值记为 $g$-MAT。"冷却窗口"具有表征特定材料激光冷却性能的独特特征，在固体材料激光冷却实验研究中扮演着非常重要的角色。

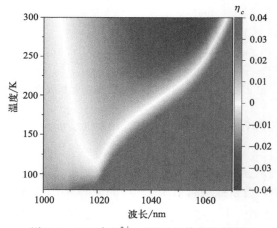

图 2.6　7.5％Yb$^{3+}$：YLF 晶体的冷却窗口

# 2.4
# 修正后的冷却效率

2017 年 Sheik-Bahae 小组[29] 将 5％Yb-16mg/L Tm 共掺的 YLF 晶体从室温冷却至 87K 的低温，远低于经典冷却理论预测的最低可达到的温度（$g$-MAT 介于 110～120K），理论结果与实验数据之间的巨大矛盾促使他们不得不重新审视经典的光学冷却效率模型，尤其是背景吸收起到的关键作用。经典模型假设外部量子效率 $\eta_{ext}$ 和背景吸收系数 $\alpha_b$ 是两个与温度无关的参数。他们通过高灵敏的低温激光诱导光谱调制技术（LITMoS）测得样品在不同温度下的外部量子效率和背景吸收系数，测量结果显示在 $100\sim300\mathrm{K}$ 的温度变化范围内，外部量子效率增加不到 $0.5\%$，基本可认定 $\eta_{ext}$ 是一个与温度无关的常数。实验测得不同温度下的背景吸收系数利用玻尔兹曼型函数可以很好地拟合，拟合函数为 $\alpha_b(T)\approx7.5\mathrm{e}^{-387.6/T}\times10^{-4}\mathrm{cm}^{-1}$，这表明 $\alpha_b$ 以源自热激发态的杂质吸收跃迁为主。根据拟合函数可以推导得到 $100\mathrm{K}$ 以下的 $\alpha_b$，如图 2.7（a）中的黑色曲线所示。修正后的冷却效率定义为冷却功率与共振吸收功率 $P_{abs}^r=P_{in}(1-\mathrm{e}^{-\alpha_r L})$ 之比，而经典的冷却效率则是冷却功率与总的吸收功率 $P_{abs}=P_{in}(1-\mathrm{e}^{-(\alpha_b+\alpha_r)L})$ 之比。$\tilde{\eta}_c$ 和 $\eta_c$ 之间的关系为：

$$\frac{\eta_c^{exp}}{\tilde{\eta}_c^{exp}}=\frac{P_{abs}^r}{P_{abs}}=\frac{1-\mathrm{e}^{-\alpha_r L}}{1-\mathrm{e}^{-(\alpha_r+\alpha_b)L}}=\frac{\alpha_r L}{\alpha_r L+\alpha_b L}=\frac{\alpha_r}{\alpha_r+\alpha_b}=\eta_{abs} \quad (2.15)$$

因此，修正后的冷却效率 $\tilde{\eta}_c$ 为[147]：

$$\tilde{\eta}_c(\lambda,T)=\eta_{ext}\frac{\lambda}{\lambda_f(\lambda,T)}-\frac{1}{\eta_{abs}(\lambda,T)} \quad (2.16)$$

如图 2.7(b) 所示，利用修正后的冷却效率公式绘制 $5\%$Yb-16mg/LTm 共掺的 YLF 晶体的冷却窗口得到 g-MAT 约为 70K，此时理论预测的 g-MAT 低于制冷温度 87K，因此理论与实验相符。

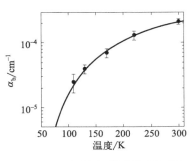

(a) 不同温度下的背景吸收系数
及其玻尔兹曼型函数拟合

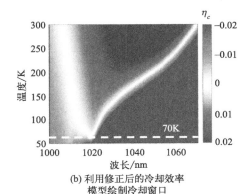

(b) 利用修正后的冷却效率
模型绘制冷却窗口

图 2.7　函数拟合与修正后的冷却窗口

g-MAT 约为 70K[147]。

该实验结果表明样品温度从 300K 降到 100K 时，背景吸收系数 $\alpha_b$ 减小了近一个数量级，$\alpha_b$ 的温度依赖性是 g-MAT 远低于之前经典激光冷却模型预测的原因。然而，该项实验需要精密控制，耗时费力，不适合作为一种常规的冷却性能表征技术。本书中的激光冷却温度并没有低于经典冷却效率的理论预测值，目前我们仍然采用经典的激光冷却效率模型。

# 2.5
## 热负载分析

激光冷却过程中，样品在激光泵浦下发射反斯托克斯荧光，温度逐渐降低，直到与周围环境达到热平衡。理论上，在没有任何热负载的理想情况下，样品吸收足够大的最佳制冷波长激光后的最终冷却温度将达到 g-MAT。有必要了解每个热负载的来源和大小，以使热负载最小化，从而有利于样品激光冷却温度接近 g-MAT。如图 2.8 所示，实际情况中，周围环境作用在样品上的热负载有三个，分别是：空气对流 $P_{conv}$、接触传导 $P_{cond}$ 和黑体辐射 $P_{rad}$，样品在激光泵浦下产生冷却功率 $P_{cool}$。从能量守恒出发，用热流微分方程描述此样品温度 $T$ 的含时演变[144]：

$$C(T)\frac{\mathrm{d}T}{\mathrm{d}t} = -\eta_c P_{abs} + A_s \kappa_h (T_c - T) + \frac{N \kappa_L(T) A_L}{d_L}(T_c - T)$$

$$+ \frac{\varepsilon_s A_s \sigma}{1+\chi}(T_c^4 - T^4) \tag{2.17}$$

式中，$C(T) = \rho c_v(T) V_s$ 是热容；$\rho$ 是样品密度；$c_v(T)$ 是与温度有关的比热容；$V_s$ 是样品体积；$T_c$ 表示样品周围腔室温度。式(2.17) 右边第一项表示激光冷却产生的冷却功率；第二项描述空气对流热负载，$A_s$ 是样品表面积，$\kappa_h$ 是对流热交换系数；第三项描述接触传导热负载，$N$ 是支撑光纤数，$A_L$ 和 $d_L$ 表示接触面积和长度，$\kappa_L(T)$ 是热导率；最后一项描述黑体辐射热负载，玻尔兹曼常数 $\sigma = 5.67 \times 10^{-8} \, \mathrm{W/(m^2 \cdot K^4)}$，$\chi = (1-\varepsilon_c)\varepsilon_s A_s / \varepsilon_c A_c$，$A_{s,c}$ 和 $\varepsilon_{s,c}$ 分别表示样品和腔室的表面积和发射率。

在小温降条件下，一般 $T_c - T < 5K$，近似处理 $T_c^4 - T^4 \approx 4T_c^3$ $(T_c - T)$，因此黑体辐射项可表示为：

$$P_{rad} = \frac{4\varepsilon_s A_s \sigma T_c^3}{1+\chi}(T_c - T) \qquad (2.18)$$

近似后的黑体辐射项使求解温度含时演变方程变得简单。在稳态条件 $dT/dt = 0$ 下，式(2.17) 可以改写为：

$$\Delta T \approx \frac{\eta_c P_{abs}}{K} \qquad (2.19)$$

式中，$K = A_s \kappa_h + \dfrac{N\kappa_L(T)A_L}{d_L} + \dfrac{4\varepsilon_s A_s \sigma T_c^3}{1+\chi}$，是包含所有热源的热负载参数，$\Delta T = T_c - T$。这意味着获得晶体与周围环境的最大温差的途径是提高冷却效率、增强吸收功率和最小化热负载。

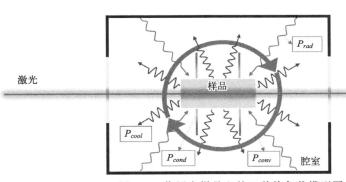

图 2.8　作用在样品上的三种热负载模型图

# 2.6
## 本章小结

本章以四能级模型为基础详细阐述了固体材料激光冷却的物理过程，揭示了固体材料激光冷却的基本特征：随着温度降低，共振吸收减弱和平均荧光波长红移导致冷却效率逐渐减小。随后依据稳态条件下的速率方程推导出固体材料激光冷却效率公式，考虑到荧光再吸收和囚禁效应，将内部量子效应修改为外部量子效率得到经典的冷却效率公式。介绍了冷却效率中包含的四个重要参数：平均荧光波长 $\lambda_f(T)$、共振吸

收系数 $\alpha_r(\lambda, T)$、外部量子效率 $\eta_{ext}$ 和背景吸收系数 $\alpha_b$，另外分析了外部量子效率和背景吸收系数对冷却效率的影响。经典的冷却效率模型认为外部量子效率和背景吸收系数与温度无关，但是最近的制冷温度远低于经典冷却效率预测的 $g$-MAT，因此需对经典冷却效率模型进行修正，修正后的冷却效率预测与实验值相符。最后介绍了激光冷却过程中作用在样品上的热负载的来源，用热流微分方程描述样品温度在激光冷却和热负载加热的相互作用下的含时演化，根据稳态条件下的热流微分方程，得到了外部条件影响制冷结果的关键参数。

第 3 章

# 冷却效率参数的测量实验

# 3.1
## 概述

自固体材料激光冷却首次在实验上得到验证以来，随着材料提纯工艺和激光技术的进步，在多种掺稀土离子的基质材料观察到了激光净制冷现象。从如此丰富的稀土离子和基质材料的组合中寻找适合开发光学制冷器的样品需要定义一个标准。冷却效率表征材料的激光冷却性能，是衡量固体材料激光冷却性能的关键指标。本章将详细介绍获得冷却效率必需的四个重要参数（$\lambda_f(T)$，$\alpha_r(\lambda,T)$，$\eta_{ext}$ 和 $\alpha_b$）的测量过程。首先介绍了荧光探测系统量子效率校准系统，其次利用自行改造的低温恒温器准确测量了样品在不同温度下的荧光谱和特殊波长处的吸收系数。采用导易定理和 McCumber 关系来获得样品的吸收谱。最后介绍了测量 $\eta_{ext}$ 和 $\alpha_b$ 的激光诱导热调制光谱测试技术，并利用该技术精确测量了 $7.5\%\mathrm{Yb}^{3+}$：YAG 晶体的外部量子效率和背景吸收系数。本书研究中的所有样品均采用该技术来精确获得外部量子效率和背景吸收系数。

# 3.2
## 荧光探测系统量子效率校准

图 3.1(a) 为光谱仪实物图（Maya 2000 Pro-NIR），内置 S11510系列探测器和 $50\mu m$ 狭缝，光学分辨率 $0.82nm$，更换小的狭缝可以提高光谱仪的分辨率。从图 3.1(b) 可以看到，在 $780\sim1180nm$ 光谱范围内探测器的量子效率随波长增加而减小。由光谱仪和光纤组成荧光收集系统，光谱仪探测器的量子效率和光纤的透过率均与波长相关，这一现象称为光谱响应。荧光收集系统通常具有复杂的光谱响应曲线，比如将滤光片或偏振片放置在荧光收集路径之中，也会引起荧光谱的失真。由于实验组件存在光谱响应，探测器采集到的光谱相较"光源"的发射谱产生扭曲，导致获得的光谱数据并不准确。因此需

要对荧光收集系统进行辐射强度校准。通常的做法是：在与获取样品光谱相同的实验条件下，采集校准源的发射光谱，即具有已知发射光谱的光源，利用标准发射谱和实验探测到的发射谱，推导出仪器光谱响应的校准曲线[35]。

(a) 光谱仪

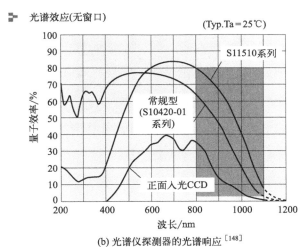

(b) 光谱仪探测器的光谱响应[148]

图 3.1　光谱仪及其探测器的光谱响应

图 3.2(a) 为光谱响应校准实验装置。校准光源紧贴积分球出光口，光纤将积分球与光谱仪相连，光谱仪数据线连接电脑后开启 Oceanview，该软件配置了辐射强度校准功能。辐射校准源为海洋光学型号 HL-3P-INT-CAL-EXT 卤钨灯，海洋光学提供该校准源 350～2400nm 的标准发射谱，图 3.2（b）为标准光源在波长 780～1180nm 的发射谱数据。

FOIS-1 积分球收集来自校准源的光，积分球内径 1.5inch（1inch＝2.54cm），内壁涂高漫散射的特氟龙涂层，该涂层具有对光均匀衰减的作用。光谱仪采集到的校准源发射谱如图 3.2(c) 所示，对比图 3.2(b) 和（c）可以看到，各组件光谱响应导致实验探测到的发射谱相较于校准源标称发射谱产生变形。Oceanview 辐射强度校准后生成如图 3.2(d) 所示的光谱响应校准曲线。

校准曲线 $R(\lambda)$ 为辐射校准光源的标准发射谱 $S_{sta}(\lambda)$ 与实验探测谱 $S_{exp}(\lambda)$ 之比：

$$R(\lambda) = \frac{S_{sta}(\lambda)}{S_{exp}(\lambda)} \tag{3.1}$$

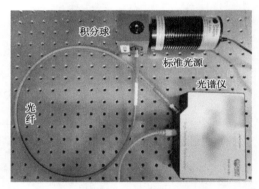

(a) 光谱响应校准实物图

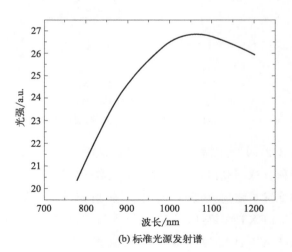

(b) 标准光源发射谱

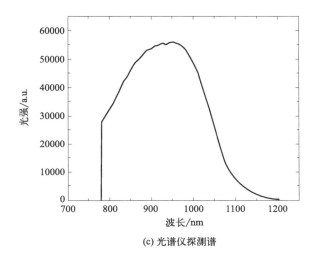

(c) 光谱仪探测谱

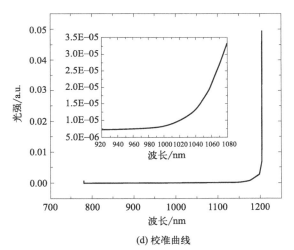

(d) 校准曲线

图 3.2　光谱响应校准实物及校准参考曲线

校准后的荧光光谱为样品原始荧光数据乘以响应曲线：

$$I_{cal}(\lambda) = I_{ori}(\lambda) \times R(\lambda) \qquad (3.2)$$

以 $5\%\mathrm{Yb}^{3+}$：LLF 晶体在 300K 时获得的荧光谱为例，图 3.3 给出了校准前后归一化荧光谱谱型的差别，短波段荧光强度减小，长波段荧光强度增大。根据校准前后的荧光谱计算平均荧光波长，发现校准前的平均荧光波长为 995.85nm，校准后的平均荧光波长为 999.75nm，二者平均荧光波长相差 3.90nm。

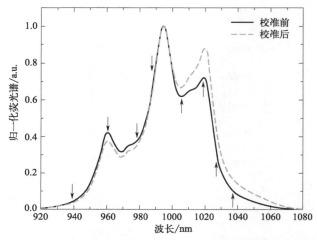

图 3.3　校准前后 5‰ Yb$^{3+}$：LLF 晶体在 300K 时的荧光谱对比

# 3.3

## 荧光谱

　　为了准确测量样品与温度依赖的平均荧光波长，冷却样品必须以可控的方式进行冷却，同时在不同温度下收集荧光光谱。这就需要一个带光学通路的真空低温恒温器。如图 3.4 所示，采用 JANIS VPF-100 液氮低温恒温器，变温范围 78～500K，方便使用和罐装液氮。该系统通过热阻抗置换器和加热器来提供变温能力，温度稳定性±50mK。利用可拆卸卡箍便于快速打开样品室，样品安装在直径 3inch 的真空腔内，通过能在低温下工作的引线连接。四路光学样品室用来进行反射或透射测量，标准窗口是透明的熔融石英玻璃，可以透过 UV 和 NIR 波长范围的光，窗片采用 O 形密封圈密封，方便拆卸更换。罐装配件能够在不影响控制温度的情况下向液氮储槽填充液氮。VPF 的典型应用包括光谱测试、材料特性以及低温成像、显微镜和组分测试等。

　　样品固定在一个特制的夹子上，为保证良好的热接触，样品与夹子接触面覆盖一层铟片。实验过程中，样品处于 $10^{-4}$ Pa 的高真空环境，调节光路使激光水平穿过样品。另外，因为需要测量晶体在某一波长处

图 3.4　低温恒温器、样品夹实物图以及激光泵浦晶体 CCD 图像

不同温度下的吸收系数，所以对通光窗片进行透过率测试。选取四个常用波长 1020nm、1030nm、1048nm 以及 1080nm。在每个波长处测量窗片前后的激光功率，各测十组。窗片在 $1020\sim1080$nm 波长范围内的透过率基本相同，多组数据平均得一块窗片的透过率为 93.78%。

我们对三种样品进行研究，包括：氧化物晶体 $Yb^{3+}$：YAG，氟化物晶体 $Yb^{3+}$：YLF 和 $Yb^{3+}$：LLF。YAG 晶体各向同性，其发射的荧光不具偏振性。YLF 和 LLF 晶体是双折射的，两者具有两个偏振相互垂直的荧光谱，$E/\!/c(\pi)$ 和 $E\perp c(\sigma)$。如图 3.5 是测量平均荧光波长的实验装置示意图，样品通过 PID 控制器维持在设定的某一温度，光谱仪和纤芯直径 $600\mu m$ 光纤测量荧光谱。泵浦激光采用 914nm 固体激光器，914nm 位于吸收光谱的边缘，在荧光光谱的范围之外，既避免了被测荧光光谱因再吸收而产生失真，而且又不会在有效的荧光光谱范围内引入激光散射峰。为表征再吸收的平均效应，调节激光从晶体中心穿过，在光纤与晶体侧面垂直的方向上收集荧光。为了避免样品吸收泵浦光后温度发生改变，首先控制激光的功率在较低的水平，其次要避免激光长时间泵浦样品，尽量在较短时间内完成荧光信号采集。与 YAG 晶体不同的是在进行 YLF 和 LLF 晶体荧光谱测量时，使晶体的 $a$ 轴垂直低温恒温器窗片，并在光纤和晶体之间增加一块偏振片，旋转偏振片将 $E/\!/c$ 和 $E\perp c$ 两个垂直偏振的荧光谱分离，然后加权平均两个偏振谱计算得到一个平均荧光波长。

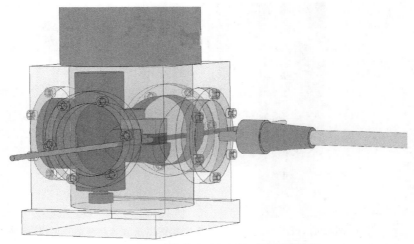

图 3.5　平均荧光波长测量装置示意图

图 3.6 给出了 $Yb^{3+}$ : YAG, $Yb^{3+}$ : LLF 以及 $Yb^{3+}$ : YLF 晶体的荧光谱。$Yb^{3+}$ : YAG 晶体与 $Yb^{3+}$ : LLF 和 $Yb^{3+}$ : YLF 晶体的斯塔克能级和玻尔兹曼布居的不同导致荧光谱峰的位置和谱型存在显著差异。从图 3.6(a) 可以看到随着 $Yb^{3+}$ 离子掺杂浓度增加，荧光再吸收和囚禁效应增强导致短波处荧光峰的强度减小。如图 3.6(b) 和图 3.6(d) 所示，随着温度的降低，荧光光谱变得更加尖锐。$Yb^{3+}$ : LLF 和 $Yb^{3+}$ : YLF 的光谱谱型相似，图 3.6(c) 给出了 $Yb^{3+}$ : LLF 晶体两个垂直偏振的荧光谱。

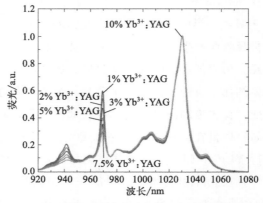

(a) 300K时不同掺杂浓度 $Yb^{3+}$ : YAG晶体的荧光谱

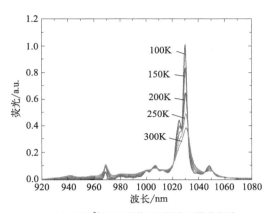

(b) 5%Yb³⁺∶YAG晶体不同温度下的荧光谱

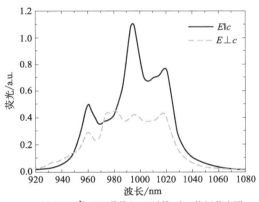

(c) 5%Yb³⁺∶LLF晶体300K时的π和σ偏振荧光谱

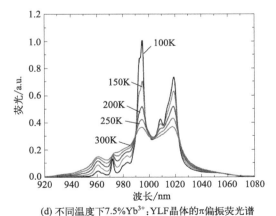

(d) 不同温度下7.5%Yb³⁺∶YLF晶体的π偏振荧光谱

图 3.6　Yb³⁺∶YAG、Yb³⁺∶LLF、Yb³⁺∶YLF 晶体荧光谱

利用采集到的不同温度下的荧光谱，根据式（2.10）计算样品的平均荧光波长。图 3.7 给出了 Yb$^{3+}$ 离子掺杂浓度同为 7.5% 的情况下，Yb$^{3+}$：YAG 和 Yb$^{3+}$：YLF 晶体的平均荧光波长随温度的变化关系，可以看到二者均与温度呈线性关系，线性拟合结果为：$\lambda_f^{YLF}(T) =$ $(1009.75 - 0.038 \times T)$nm 和 $\lambda_f^{YAG}(T) = (1031.25 - 0.057 \times T)$nm。Yb$^{3+}$：YAG 晶体的平均荧光波长随温度降低的红移率比 Yb$^{3+}$：YLF 晶体更大。

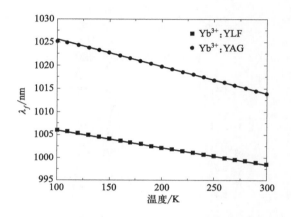

图 3.7　Yb$^{3+}$ 掺杂均为 7.5% 的 YAG 和 YLF 晶体平均荧光波长随温度的变化关系

图中直线表示线性拟合

# 3.4

# 吸收谱

## 3.4.1　导易定理和 McCumber 关系

实现反斯托克斯荧光冷却的关键在于泵浦激光的波长大于样品的平均荧光波长，这个光谱区域被称为"冷却尾巴"。为了确定最佳的泵浦激光波长和冷却效率，测量不同温度下的共振吸收是必要的。位于冷却尾巴的共振吸收一般很弱，并且随着温度的降低呈指数形式减小，这使得测量变得困难。传统采用傅里叶变换红外（FTIR）分光光度计测量吸收，但当吸收较弱时，直接测量会产生较大的误差。1964 年，

McCumber 提出可以通过测量发射来计算吸收，即利用了吸收和发射截面之间的倒数关系，该方法又被称为导易定理[149]。

如图 3.8 所示的二能级模型，假设每个能级快速热弛豫，从而满足由玻尔兹曼分布描述的局部热平衡。对每个能级中的能量布居进行积分，得到受激发射 $\sigma_{em}$ 和吸收 $\sigma_{abs}$ 截面。二者比值为[150]：

$$\frac{\sigma_{abs}(\nu)}{\sigma_{em}(\nu)} = \left[\frac{g_2/\Delta E_2}{g_1/\Delta E_1} \times \frac{Z_2(T)}{Z_1(T)} e^{(-E_0)/(k_B T)}\right] e^{h\nu/(k_B T)} = \frac{N_{2eq}}{N_{1eq}} e^{h\nu/(k_B T)} \quad (3.3)$$

上式中，$g_1$ 和 $g_2$ 为简并度；$h\nu$ 为光子能量；$Z_{1,2}(T) = 1 - e^{1 - e^{-\frac{\Delta E_{1,2}}{k_B T}}}$ 为配分函数；$N_{1eq}$ 和 $N_{2eq}$ 为平衡状态下各能级的布居。定义激发势 $\in$，有 $e^{-\in/(k_B T)} = N_{2eq}/N_{1eq}$。

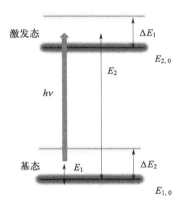

图 3.8 McCumber 关系的能级示意图[90]

将吸收截面 $\sigma_{abs}$ 表示为受激发射截面 $\sigma_{em}$ 的函数，式(3.3) 可改写为：

$$\sigma_{abs}(\nu) = e^{(h\nu - \in)/(k_B T)} \sigma_{em}(\nu) \quad (3.4)$$

另外，受激发射截面与自发辐射截面的关系为：

$$\sigma_{em}(\nu) = A_{21} g(\nu) \frac{\lambda_0^2}{8\pi n^2} \quad (3.5)$$

式中，$A_{21}$ 为爱因斯坦 A-系数，$g(\nu)$ 为线性函数，$\lambda_0$ 为自由空间波长，$n$ 为折射率。吸收截面 $\sigma_{abs}$、吸收系数 $\alpha(\nu)$ 和掺杂浓度 $N_1$ 三者之间的关系为：

$$\sigma_{abs}(\nu) = \frac{\alpha(\nu)}{N_1} \quad (3.6)$$

吸收系数 $\alpha(\nu)$ 遵循比尔-朗伯定律：

$$I = I_0 e^{-\alpha(\nu)L} \tag{3.7}$$

其中 $I_0$ 和 $I$ 分别是通过长度 $L$ 样品前后光的入射光强和出射光强。式（3.5）乘以 $N_2$ 得：

$$N_2 \sigma_{em} = F_p(\nu) \frac{c^2}{\nu^2 n^2} \tag{3.8}$$

$F_p(\nu)$ 是从体积/元频率/元立体角发射的荧光光子数。最后，吸收系数可以表示为：

$$\alpha(\lambda, T) \propto \lambda^5 S(\lambda, T) e^{hc/(\lambda \kappa_B T)} \tag{3.9}$$

式中，$\alpha(\lambda, T)$ 是波长 $\lambda$ 和温度 $T$ 的函数。$S(\lambda, T)$ 是在温度 $T$ 下测得的荧光谱。

导易定理确定的是吸收谱与荧光谱之间的相对关系，并不能得到吸收谱的绝对值。将式（3.9）中的正比例符号变成等号需要利用某一波长下的吸收系数归一化导易吸收谱。比尔-朗伯定律可以确定 $\alpha(\lambda, T)$ 的绝对值，即测量吸收足够高的波长处不同温度下的吸收系数，足够高的吸收保证功率计进行测量是精确的。如图 3.9 所示为 S. D. Melgaard 对分光光度计（SP）测量的吸收光谱与导易定理（RC）计算的吸收光谱进行对比[144]。高吸收波段二者表现出良好的一致性，但当测量值超过 1020nm 后，尤其是在低温下，分光光度计的测量结果变得不可靠，然而激光冷却的关键波长区域正好位于长波段，因此利用导易定理来获得样品的吸收谱是更好的选择。

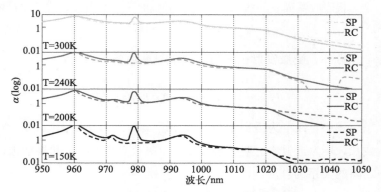

图 3.9　两种方式获得吸收谱的对比图

SP 和 RC 分别表示由分光光度计和导易定理得到的吸收谱[144]

## 3.4.2　最佳制冷波长的吸收系数随温度的变化规律

固体材料激光冷却基于有效的反斯托克斯荧光散射，存在最佳的泵浦激光波长。如图 3.10 所示，$Yb^{3+}$：YLF 和 $Yb^{3+}$：YAG 晶体的能级跃迁介于基态 $^2F_{7/2}$ 和激发态 $^2F_{5/2}$ 之间。基态 $^2F_{7/2}$ 与晶场相互作用分裂为 E1、E2、E3、E4 四个能级，激发态 $^2F_{5/2}$ 分裂为 E5、E6、E7 三个能级。在每个能级组中，各能级电子的布居遵循玻尔兹曼分布。在 YLF 和 YAG 两种不同晶场的作用下 $Yb^{3+}$ 离子的能级不同，因此各子能级电子的布居也不同。

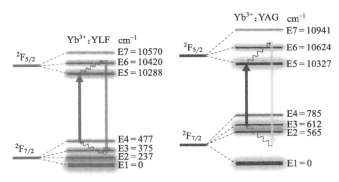

图 3.10　$Yb^{3+}$ 离子在 YLF 和 YAG 晶体中的斯塔克能级图

YLF 和 YAG 的荧光谱存在显著差异。在反斯托克斯过程中，激光将 $Yb^{3+}$ 离子从基态上能级激发到激发态下能级。$Yb^{3+}$：YLF 晶体中两个能级组（E4→E5）之间的最低能量跃迁对应于 1020nm，该波长位于"冷却尾巴"内，具有足够大的吸收系数，是 $Yb^{3+}$：YLF 晶体激光冷却的最佳泵浦波长。而 $Yb^{3+}$：YAG 晶体的"冷却尾巴"内包含两个共振跃迁波长 1030nm 和 1049nm，分别对应 E3→E5 和 E4→E5 能级之间的跃迁。在后面针对 $Yb^{3+}$：YAG 晶体激光冷却实验发现：当 $Yb^{3+}$ 离子掺杂浓度低于 5％时，1030nm 是最佳的激光冷却波长，但当浓度高于 5％后则变为 1048nm。因此，需要研究 $Yb^{3+}$：YLF 晶体在 1020nm 处共振吸收随温度的变化关系，而对于 $Yb^{3+}$：YAG 晶体，同时测量 1030nm 和 1048nm 处的共振吸收系数。与能级跃迁对应的共振吸收波长的吸收系数随温度的变化规律可以通过玻尔兹曼分布函数进行描述，公式如下[90]：

$$\alpha_r(E_4 \rightarrow E_5, T) = \frac{Ae^{-E_4/(k_BT)}}{e^{-E_1/(k_BT)} + e^{-E_2/(k_BT)} + e^{-E_3/(k_BT)}e^{-E_4/(k_BT)}}$$

$$(3.10a)$$

$$\alpha_r(E_3 \rightarrow E_5, T) = \frac{Ae^{-E_3/(k_BT)}}{e^{-E_1/(k_BT)} + e^{-E_2/(k_BT)} + e^{-E_3/(k_BT)}e^{-E_4/(k_BT)}}$$

$$(3.10b)$$

式中，$A$ 是单拟合参数。

测量与温度相关的共振吸收系数 $\alpha_r(\lambda, T)$ 使用如图 3.4 所示装置。可调谐光纤激光器泵浦样品，低温恒温器控制样品温度，功率计放置在样品前后测量吸收功率，然后根据比尔-朗伯定律计算 $\alpha_r(\lambda, T)$。图 3.11 和图 3.12 分别为 7.5% $Yb^{3+}$：YLF 晶体在 1020nm 处（$E/\!/c$）和 10% $Yb^{3+}$：YAG 晶体在 1030nm 和 1048nm 处不同温度下的吸收系数，利用式（3.10）对测量值进行拟合。对于 7.5% $Yb^{3+}$：YLF 晶体，$\alpha_r(1020nm, T)$ 将作为导易吸收光谱的基准，利用该结果对各温度下的导易吸收光谱进行归一化处理。$Yb^{3+}$：YAG 晶体导易吸收谱做类似处理。

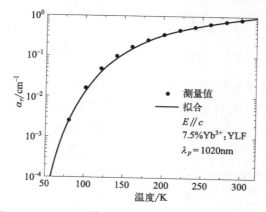

图 3.11　7.5% $Yb^{3+}$：YLF 晶体在 1020nm 处（$E/\!/c$）

不同温度下的共振吸收系数

圆点为 1020nm 处不同温度下 $\alpha_r$ 的实验数据，

曲线为公式（3.10a）拟合曲线，其中 A = 13.01

图 3.13 给出了 7.5% $Yb^{3+}$：YLF 和 10% $Yb^{3+}$：YAG 两种晶体各自归一化后的吸收谱，长波段低吸收区域内的吸收谱线光滑，传统的 FTIR 分光光度计所测吸收谱无法获得如此高的信噪比。

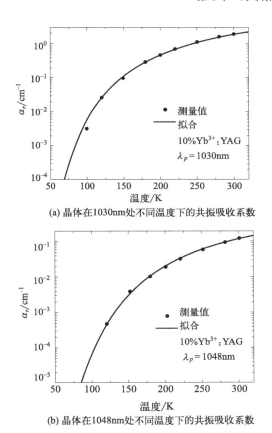

(a) 晶体在1030nm处不同温度下的共振吸收系数

(b) 晶体在1048nm处不同温度下的共振吸收系数

图 3.12　10％Yb$^{3+}$：YAG 晶体在 1030nm 和 1048nm 处不同温度下的共振吸收系数

圆点为不同温度下 $\alpha_r$ 的实验数据，曲线为式(3.10b) 和式(3.10a)

拟合曲线，其中 $A$(1030nm)＝38.79, $A$(1048nm)＝5.99

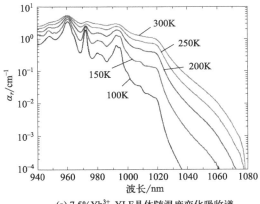

(a) 7.5％Yb$^{3+}$：YLF晶体随温度变化吸收谱

图 3.13

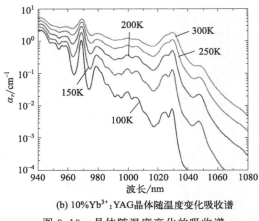

(b) 10%Yb³⁺:YAG晶体随温度变化吸收谱

图 3.13　晶体随温度变化的吸收谱

# 3.5
## 激光诱导热调变光谱测试 （LITMoS）

### 3.5.1　硬件与软件

　　LITMoS 测试实验设备的主体为一个特制真空腔，辅助设备有红外热像仪、光谱仪、功率计、直流稳压电源、恒温冷水机和真空分子泵。如图 3.14 所示为 LITMoS 测试的实验设备及真空腔内部结构。

　　真空腔经过特殊设计和加工，由四个主要部分组成，分别为：①支柱、铝板和标准真空适配器。四根支柱支撑整个结构，调整好高度之后用压块固定在光学平台上。四个 PVC 垫片使真空腔与支柱和光学平台之间隔热。适配器将线路从真空腔外转接至腔内。真空腔的位置可以进行旋转调整，位置确定之后拧紧铝板上的螺丝。②钢制真空腔。四个侧面均配有直径 25mm 的窗口。其中一对窗口用作激光传输，装配的窗片可以拆卸，目的是适配不同波长的入射激光。为此分别准备了紫外熔融石英玻璃 （0.65～1.05μm 增透，厚度 5mm） 和 $CaF_2$（1.65～3μm 增透，厚度 5mm） 两种激光入射窗片。为了收集荧光谱和进行热采集，红外平面窗片 （0.3～3μm 增透，厚度 1mm） 和 $BaF_2$ （无镀膜，厚度 5mm）永久装配在窗口上，不可进行拆卸。盖板上也装配有一块 $BaF_2$

窗片，既可以直接观察腔室内部情况，也可以从顶部进行热采集的补充。盖板和主体之间使用 Viton O 形密封圈密封，真空度可达 $10^{-4}$Pa。热电偶（TJ1-CLASS-IM15U-150 Omega K 型，直径 1.5mm）用来监测盖板外壁温度。真空腔底部和盖板之间设计有冷却水循环管道，确保真空腔内部温度稳定。③铜制测试样品支架和校准晶体铜夹。铜制结构主要由底板和支架两部分组成。各接触面采用低蒸发的硅脂（Apiezon N 型），以提高导热性，确保整个结构具有良好的热接触。U 型铜制晶体支架上方平行放置两根直径 100μm 光纤使样品与整个结构隔离，两根光纤的距离可以根据搭载晶体的尺寸进行调整，光纤与铜支架使用紫外光学固化胶（NOA61）黏结。支架内侧覆盖黑色纳米薄膜覆盖，目的是减小黑体辐射。在支架一侧放置一个 TECs，与 TECs 一面紧密接触的是一个铜制样品夹，可以容纳一块方形校准样品（未掺杂的 YLF 或 LLF 晶体）。一个热电偶（CHAL-002 Omega K 型，直径 0.05mm）连接在铜夹上用来测量校准晶体温度。另一个热电偶固定在支架上，监测实验过程中的温度变化。④获取和控制温度的电子设备。TECs 供电线和两个热电偶数据线通过真空转接器转接到腔外。

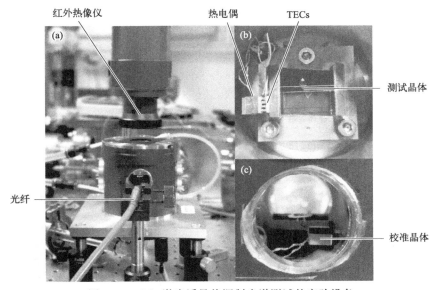

图 3.14　（a）激光诱导热调制光谱测试的实验设备；
（b）真空腔内部结构；（c）校准晶体

FLIR A300 红外热像仪装配 $100\mu m$ 微距镜头用于非接触式测量样品温度。热像仪的光导传感器由非晶硅的微辐射热计阵列（320×240 像素）组成，光谱响应在 $7\sim14\mu m$ 之间，测温范围为 $-20\sim120℃$，热灵敏度小于 50mK。真空腔光滑的外表面粘贴黑色 3M 胶带，防止外界热反射进入热像仪。光谱仪（Maya 2000Pro-NIR）搭配功率计（Thorlabs S142C）进行样品吸收功率的精确测量。数控式线性直流稳压电源（LPS-305）为 TECs 供电，最大输出电流不超过 100mA。冷水机（HC285-HW1-002B）可以维持真空腔温度恒定，温度调节范围为 $3\sim35℃$，控温精度 $\pm0.1℃$。

真空腔内热电偶测得的温度值由两个带有内部冷端补偿的 MAX 31850 芯片读取。两个温度传感器的分辨率为 $0.25℃$。由于连接电缆中嵌入了电子系统，可以通过 LabVIEW 串行端口获取温度数据，串行端口数据读取程序如图 3.15 所示。串口参数为：波特率，9600；数据位，8；停止位，1；奇偶校验，无。这些也是大多数软件的标准参数。如表 3.1 所示，系统通过串行端口接受命令并返回数据或信息。每个命令应以"/n"字符结尾。系统可以在 2 种模式下运行。①触发模式，如果将命令"trig"（不区分大小写）发送到系统，它将返回两个温度的测量值，以 TAB（/t）分隔。第一个值是铜基座的温度，第二个值是与校准样品接触铜夹的温度。两个温度均以摄氏度为单位。系统的响应时间为 100ms。②连续模式，系统每 $x$ ms 将两个温度（以通常的 TAB 分隔格式）写入串行。$x$ 的默认值为 1000，每次打开串行或重新启动设备时都会重置。要更改两次连续读数之间的延迟，应将命令"delay_x"发送到设备，其中 $x$ 是所需的延迟（250～600000）。发送"togg"命令到设备可以在两种模式之间进行切换。

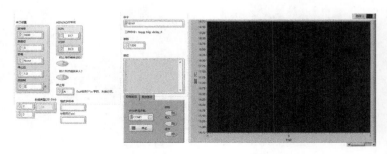

图 3.15　串行端口温度数据读取程序

表 3.1　MAX 31850 芯片串口命令

| 命令 | 效果 |
|---|---|
| togg | 从触发模式切换到连续模式 |
| trig | 温度读取<br>返回<br>温度值 |
| delay_x | 设置连续模式下两个连续输出之间的延迟 |

红外热像仪采集的热成像视频和照片需要转化为像素矩阵。如图 3.16 所示，LabVIEW 编写的程序可以读取视频和照片中的像素值，光标置于图像中可实时显示像素点坐标和像素值，有助于快速地在像素矩阵中找到晶体所在位置，并计算其像素平均值。LabVIEW 视频像素读取的计算速度较慢，但程序界面简洁明了，更容易操作和修改。

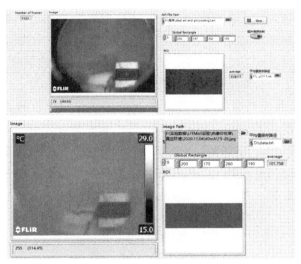

图 3.16　视频和图片像素读取程序

## 3.5.2　红外热像仪校准

热像仪探测器的测温精度为±2℃或读数的±2%，利用热像仪软件（Tools＋）获取所测目标的温度并非真实温度，尤其当目标冷却时，热像仪所测温度偏差较大。因此热像仪的测温精度不能满足 LITMoS 测试对温度精确测量的要求。热像仪的探测器是一个微测辐射热计。基于红外辐射撞击探测器会引起像素电阻率的变化，像素电阻率的变化量与被吸收光子的能量成正比，通过适当的标定，可以从输出图像的像素强度变化推导出发射源的温度。相机输出的是一幅 8 位深度的灰度图像，这意味着图像中每个像素的强度值在 0～255 之间。黑色表示最低温度，像素强度值为 0，白色表示最高温度，像素强度值为 255。利用像素强度与温度的比例关系，可以从像素强度的变化中推测热图像两个区域之间的温差。如果把样品放在图像的中间，它相对于环境的温度就可以被测量出来。为了研究样品温度随时间的变化，可以在保持环境温度不变的情况下，以高于样品温度变化的时间尺度来获取热图像。为了确定所研究样品像素强度变化和温度变化之间的比例关系，需要预先对热像仪进行校准。

在真空腔内改变校准晶体的温度，获取其在已知温度下的热图像。利用特殊设计的校准晶体夹，通过控制 TECs 供电电流的大小和方向，可以改变校准晶体的温度。定义 TECs 冷却晶体时的电流方向为正，加热时为负。首先需要确定 TECs 通电电流与校准晶体温度之间的变化关系。如图 3.17 所示，分别在大气环境中，通过水冷控制真空腔温度为 22℃；以及在真空环境中，但真空腔温度分别控制在 22℃ 和 20℃ 这三种条件下进行测量，电流以每 10mA 间隔（-100～100mA）变化，测量 TEC 改变校准晶体温度的变化范围。相同颜色的点表示某一电流对应的校准晶体温度，直线均为数据的线性拟合。空气对流热负载在校准晶体加热时，充当冷源，冷却时，充当热源，所以真空环境中校准晶体温度的变化范围要大于大气环境。真空环境消除了空气对流热负载，真空腔分别为 20℃ 和 22℃ 的两条拟合直线相互平行。

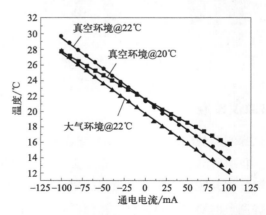

图 3.17　不同条件下，校准晶体温度随 TECs 通电电流的变化关系

图 3.18 给出了校准晶体在不同通电电流下的热成像照片，可以看到校准晶体从加热到冷却的过程中，颜色由白变黑，不同的颜色对应不同的像素强度。利用图 3.16 所示的 LabVIEW 程序读取每张照片中指定区域的像素强度，并计算平均值，指定区域位于晶体上，大小为 $60\times20$ 像素。值得注意的是将热像仪温标范围设定为 $15\sim29℃$，从而建立温度与像素强度之间的映射关系，最低温度 15℃ 的像素强度为 0，最高温度 29℃ 的像素强度为 255。当热像仪显示的校准晶体温度低于 15℃ 或高于 29℃ 时，热像仪像素强度将饱和。温标范围可以进行调整，除了 $15\sim29℃$，同时还保存了 $16\sim28℃$ 的热成像照片，用作对比。维持真空腔温度在 20℃ 和 22℃，分别采集校准晶体从加热到制冷的热图像。

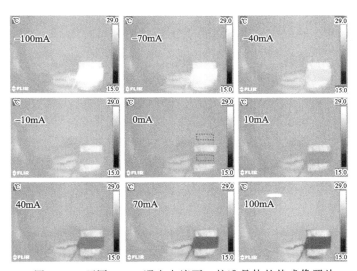

图 3.18　不同 TECs 通电电流下，校准晶体的热成像照片

如图 3.19 所示为真空腔温度分别控制在 20℃ 和 22℃，获得的校准晶体温度与像素强度的对应关系。不同的真空腔温度，即使校准晶体实际温度相同，校准晶体的像素强度也不同，但是像素强度随温度的变化趋势相同，即图 3.19 中方形与圆形拟合直线的斜率相等，所以外部环境的温度会影响热像仪探测目标的像素强度，接下来需要消除这种影响。

LITMoS 要求准确测量激光诱导样品产生的温度变化 $\Delta T$，并且 $\Delta T\leqslant5℃$，选择真空环境和真空腔温度 22℃ 作为统一的实验条件。在实验前 TECs 未通电时发现校准晶体颜色与周围环境很接近，但仍存在差

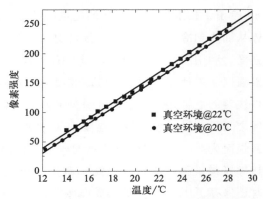

图 3.19　真空环境中，真空腔温度分别为 20℃和 22℃时
校准晶体像素强度与温度的变化关系

别，意味着校准晶体与周围环境即使经过长时间（＞12h）热平衡后二
者温度仍略有不同。图 3.18 中 0mA 时的热成像照片显示，校准晶体温
度（深色框）比周围环境（浅色框）低 0.5℃。因此将不同通电电流，即
不同温度下，校准晶体在相同区域内的像素强度与温度和 0mA 时的像素
强度与温度做差，获得校准晶体像素强度变化 $\Delta p$ 与温度变化 $\Delta T$ 之间的
函数关系，该函数关系就是热像仪的测温校准曲线，如图 3.20 所示。温
度变化量 $\Delta T$ 与像素变化量 $\Delta p$ 呈线性关系，对于两个不同的温标范围，
$\Delta T_r (15 \sim 29℃) = 0.07711 \times \Delta p_r$，$\Delta T_b (16 \sim 28℃) = 0.06818 \times \Delta p_b$。对于
温标范围 15～29℃，校准晶体温度每变化 1℃，像素强度改变 12.96。因
此，后续的 LITMoS 实验中，利用红外热像仪记录样品在不同波长激光泵
浦时的像素变化，就可计算出相应的温度变化量 $\Delta T$。

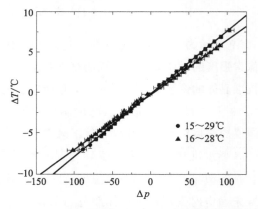

图 3.20　校准红外热像仪获得的实验数据和线性拟合

### 3.5.3　激光诱导热调变光谱测试结果

在稳态条件下（$\mathrm{d}T/\mathrm{d}t=0$），只考虑黑体辐射热负载，冷却效率测量值与吸收功率和温度变化之间的关系为：

$$\eta_c(\lambda_p)=\frac{4\varepsilon_s A_s \sigma T_c^3}{1+\chi}\times\frac{\Delta T(\lambda_p)}{P_{abs}(\lambda_p)} \tag{3.11}$$

准确测量不同波长激光 $\lambda_p$ 照射下引起的样品温度的变化量 $\Delta T$ 以及相应的吸收功率 $P_{abs}$，可以计算出样品在相应波长下的冷却效率。在已知样品的平均荧光波长和共振吸收系数的情况下，利用冷却效率的理论公式对冷却效率实验值进行拟合可以确定外部量子效率和背景吸收系数。

校准后的红外热像仪已经解决了样品 $\Delta T$ 精确测量的问题。根据 Lambert-Beer 定理，功率计测量样品入射功率 $P_0$ 和出射功率 $P_r$，二者之差即为吸收功率，但这种测量方法并不可靠。因为即使样品进行布鲁斯特角切割，最大程度减少了菲涅耳反射，但是 LITMoS 测试过程中激光波长调谐范围在 $1010\sim1080$nm 之间，该范围内样品的吸收系数变化将近三个数量级，使用功率计直接测量吸收功率会引入较大误差。光致发光激发（PLE）光谱[151] 是一种灵敏的吸收测量新技术。荧光光谱的积分与吸收功率成正比[144]：

$$P_{abs}(\lambda_p)=k\int S(\lambda_p)\mathrm{d}\lambda \tag{3.12}$$

式中 $k$ 是比例系数，与激光波长无关，与样品和荧光收集光纤的相对位置以及光谱仪积分时间等有关。$S(\lambda_p)$ 是不同波长激光泵浦样品所发射的荧光光谱。确定比例系数 $k$ 的方法是选取吸收系数较大的某一波长激光泵浦样品，在该波长下利用功率计直接测量的吸收功率是准确的，保存对应的荧光光谱计算积分面积，多次测量计算 $k$ 的平均值。值得注意的是积分上下限的选择问题，为了避免泵浦激光的散射峰，可以截取荧光光谱的某一段进行积分，也可以选择全光谱范围。如果选择全光谱需要对荧光光谱进行去除散射峰的处理，但是当散射峰与荧光峰重合时就无法将所测荧光谱中的散射峰去除，因此需要避免选择与荧光峰重合的泵浦激光波长。当确定比例系数 $k$ 后，进行 LITMoS 测试的过程中，样品和荧光收集光纤的相对位置以及光谱仪积分时间等应保持不变，在不同波长下测量样品发射的荧光光谱就可计算出此时的吸收功率。

　　晶体置于真空腔内，通过两根直径 $100\mu m$ 光纤支撑。高灵敏红外热像监测晶体温度，纤芯 $600\mu m$ 光纤连接光谱仪收集荧光。外循环水将真空腔温度控制在 22℃。利用录屏软件录制激光诱导过程中样品的像素变化情况。在光纤激光器波长调谐范围内，以 10nm 间隔测量晶体的稳态温度。

　　图 3.21 展示了 $7.5\%Yb^{3+}$：YAG 晶体 LITMoS 实验的细节和结果。$7.5\%Yb^{3+}$：YAG 晶体在 1033～1063nm 波长范围内具有冷却效果。如图 3.21（a）和图 3.21（b）所示，$7.5\%Yb^{3+}$：YAG 晶体在 1010nm 激光泵浦下加热，像素值变大，在 1050nm 激光泵浦下冷却，像素值变小。为了准确获得晶体温度的变化，激光泵浦晶体前 5min 开始录制晶体热成像视频，大约录制 30min 晶体温度达到新的平衡。前后各取 200 个数据平均后做差，计算像素变化 $\Delta p$，从而获得温度变化值 $\Delta T$。样品在不同波长泵浦下表现出不同的加热冷却效应，因此需要适当调整激光

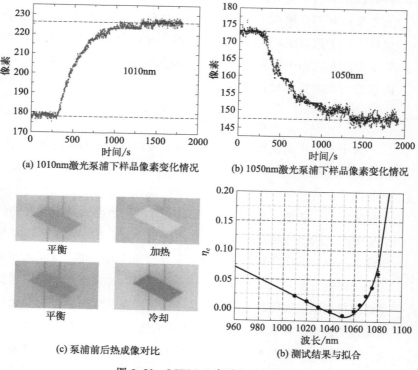

(a) 1010nm激光泵浦下样品像素变化情况　　(b) 1050nm激光泵浦下样品像素变化情况

(c) 泵浦前后热成像对比　　(b) 测试结果与拟合

图 3.21　LITMoS 实验细节与结果

功率使晶体在不同波长下产生合适的温度变化（<5K）。样品从加热到冷却，再从冷却到加热的过程中观察到两个零交叉波长，在零交叉波长处，$\eta_c = 0$。室温 300K 下，$\alpha_r \gg \alpha_b$，$\eta_{abs}$—1。第一个零交叉波长 $\lambda_{c1}$ 确定了外部量子效率 $\eta_{ext} = \lambda_f(300K)/\lambda_{c1}$。室温下冷却效率的关键参数已经确定了 $\eta_{ext}$、$\lambda_f$（300K）和 $\alpha_r(\lambda, 300K)$，利用式（2.12）拟合第二个零交叉波长量化 $\alpha_b$。通过拟合获得 7.5%Yb$^{3+}$：YAG 晶体的外部量子效率和背景吸收系数，分别为 $\eta_{ext} = (98.2 \pm 0.1)\%$，$\alpha_b = (4.5 \pm 0.1) \times 10^{-4} cm^{-1}$。

# 3.6
# 温度测量方法

　　反斯托克斯荧光制冷最大的优点就在于温度越高荧光制冷所能达到的制冷效率越高，因此人们应用制冷技术并不是一味地追求低温，而是寻找一个平衡的温度。例如，集成电路的冷却就是这样，只要温度不超过上限，即满足要求。对于类似于集成电路器件需要恒温的情况，荧光制冷就是理想的选择。因此，在反斯托克斯荧光制冷的研究中，对冷却材料的温度测量是一项很重要的任务，目前研究人员已经开发了几种不同的测温技术。如红外热像仪、光致发光（PL）测温、光纤布拉格光栅（FBG）、热电偶（TC）、干涉测量方法和光热偏转光谱（PTDS）。以上技术还需不断完善，目前人们可以从理论上通过冷却功率以及制冷材料的比热等参数来计算出温降，从而给温度测量技术提供一个基准，这样就可以验证各种温度测量技术的准确性。

## 3.6.1　红外热像仪测温

　　Yb$^{3+}$：ZBLANP 玻璃中固体激光制冷的首次实验突破就是使用光谱灵敏度在 $3 \sim 5\mu m$ 范围内的 InSb 红外热像仪进行非接触式温度测量到的[12]。为了提高发射率，Hoyt 等人在玻璃上附着了 $1mm^2$ 的金箔，并把外面涂成黑色。然而，这也会导致荧光吸收等不利因素的影响[152]。为了进行对比，他们在不使用黑色箔的情况下对样品的热辐射进行了成像。此外，Epstein，Bigotta[18,153] 等和 Seletskiy 等[154] 对关于 Yb$^{3+}$：ZBLAN 玻璃制冷的报道也使用红外热像仪测量温度。红外热像仪在光学制冷实验中得到了广泛的应用[13,25,152]，但有时会出现探测器饱和等问题，影响测量[154]。此外，由于每种材料的发射率、厚度、表面粗糙度和背景温度等不同，所得测量结果是否准确很难被验证。

## 3.6.2 光纤布拉格光栅（FBG）测温

De Lima Filho 等使用光纤光栅实现了一种温度传感器，测温范围在室温到液氮温度之间[155]。他们表明，光栅的非线性热灵敏度源于热光系数和热膨胀系数的非线性，从而允许在较低温度下对光栅进行可靠的建模。传统的二氧化硅光纤在 $300\sim2000nm$ 之间是透明的，在冷却实验中，即使在强烈荧光存在的情况下，它们也可用于温度传感。光纤半径为 $125\mu m$ 时引入的热负荷可以忽略不计，当光纤直径减小到 $14\mu m$ 时热负载可以进一步最小化。此外，甚至可以在冷却材料内部植入光栅[156]。这种温度传感器不受电磁噪声的影响，对许多化学物质都是惰性的。

光栅中的布拉格反射波长 $\lambda_B$、折射率（RI）调制的空间周期 $\Lambda$ 和有效模指数 $n_{eff}$ 之间的关系为 $\lambda_B = 2n_{eff}\Lambda$[157]。布拉格波长随温度的变化关系为 $\Delta\lambda_B = \lambda_B\xi\Delta T$。其中，温度变化 $\Delta T$ 时，布拉格波长的波长位移 $\Delta\lambda_B$，$\xi$ 为波长变化的温度系数。

## 3.6.3 热电偶测温

1968 年，Kushida 等人[158] 首次在 $Nd^{3+}$ 掺杂 YAG 晶体的光学冷却中使用热电偶进行温度测量。热电偶多次用于光学制冷实验中材料的测温[13,159-161]。热电偶的工作原理依赖于塞贝克效应。热电偶由两根不同的金属线组成，测量连接处的温度的变化会导致接头金属线中的电压变化。热电偶在冷却实验中存在一些固有的缺陷。Edwards 等人将热电偶粘接在 $Yb^{3+}$：ZBLAN 玻璃上[159]。他们意识到，强烈的荧光吸收和沿热电偶导线的热传导会产生不利的加热并使测量结果不准确。此外，对所需分辨率的稳定参考需求、传感器的尺寸和脆性增加了热电偶测温的复杂性。后来，Thiede 等人通过减小热电偶导线的直径，使其能够用于冷却实验[13]。

## 3.6.4 光热偏转光谱（PTDS）测温

这是一种定性检测样品是否被冷却的传统技术[162]。由于材料的折射率随温度变化而变化，故当一束激光以一定的角度通过样品时，光束偏转的角度与温度有关。在检测固体材料激光制冷的实验中，泵浦光可能导致材料的加热或冷却，样品折射率随温度从泵浦光束中心开始沿径向变化，形成一个热透镜。这样当另一束反向传播的探测光束通过样品的同一加热和制冷区域时，由于样品的热透镜效应，探测光束将发生偏转。在较小的温度范围内，样品折射率随温度而线性变化，探测光束的偏转角度正比于入射到样品的冷却（加热）功率。因此，共线光热偏转光谱技术是分析小范围内样品温度变化的一种有效方法。目前实验中常用的光热偏转测试方法有两种：横向光束偏转方法，泵浦光束垂直于样品表面，探测光束平行于样品表面；准直光束偏转方法，泵浦光束和探测光束都垂直于样品表面。其中准直光束偏转方法只对透明介质适用，在激光制冷实验中采用该种方法。

## 3.6.5　干涉法测温

类似于 PTDS，其中温度变化改变材料折射率，改变光学长度，从而影响穿过材料的激光的相位。激光的光路长度取决于材料温度[163]。为了量化路径长度变化，必须将样品放置在干涉仪的一个臂中，从而可以观察穿过样品的光束和参考光束之间的相移。该技术可用于测量大块样品的温度。

Mach-Zehnder 干涉测量技术用于对 $Yb^{3+}$：YAG 晶体中的激光加热/冷却的研究[164]。Farley 等人使用矩形结构的 Mach-Zehnder 干涉仪，并用 $Ar^+$ 激光束（514.5nm）来制作干涉条纹，用 915nm 的钛：蓝宝石激光束做泵浦光。晶体被放在干涉仪的一个臂上，而泵浦和探测激光束与 $Yb^{3+}$：YAG 共线，但传播方向相反。当样品温度和光路变化时，条纹会发生偏移。长度是根据偏移条纹的数量来测量的。尽管在他们的实验中没有观察到冷却，但他们证明 Mach-Zehnder 干涉仪可以同时用于研究固体的激光加热和光学冷却。变化将仅在边缘运动的方向上发生。主要的前提条件是泵浦激光束和探测激光束在样品中都应该重叠。

## 3.6.6　光致发光（PL）测温

该项技术依赖材料光谱形状、寿命或积分面积来测量材料的温度[165]。这种非接触式温度测量方法已用于稀土掺杂材料的绝对温度测量，精度可达（±0.1）℃。由于晶体场跃迁不会随温度发生显著变化，稀土离子荧光强度的变化可能每次都无法准确量化。在稀土掺杂材料中，荧光光谱中温度引起的强度变化主要是由激发态电子的玻尔兹曼布局分布变化引起的。此外，差分荧光光谱测温（DLT）是激光冷却实验中最常用的方法。当在 DLT 中使用至少两个波段时，探头功率波动会抵消。通过控制样品的温度，使用传统的温度控制器，预先测量样品的荧光光谱的温度依赖性[166]。

差分荧光光谱法（DLT）是一种非接触式光谱技术，用于测量温度变化。该方法操作简单，免于前述测温法的繁杂光路调节和对准。理论上，DLT 可以应用到任何表现出温度依赖性发光材料的测温。稀土掺杂材料中的 DLT 利用了光谱线宽的温度依赖性[167]。使用 DLT 进行温度测量的操作如下：测量样品在不同温度下的荧光谱，以某一温度的光谱 $S(\lambda, T_0)$ 作为基准，其他温度下的光谱 $S(\lambda, T)$ 与基准光谱进行差分。为消除入射激光功率波动造成的影响，通常对荧光谱进行归一化处理。差分谱定义为：

$$\Delta S(\lambda, T, T_0) = \frac{S(\lambda, T)}{\int S(\lambda, T)} - \frac{S(\lambda, T_0)}{\int S(\lambda, T_0)} \qquad (3.13)$$

式（3.13）揭示了温度与光谱之间的内在关系。以采集的 7.5% $Yb^{3+}$：LLF 晶体荧光谱为例，$T_0 = 299.7K$，图 3.22(a) 给出了几个温度下的差分谱 $\Delta S(\lambda, T, T_0)$。为了量化荧光谱与温度的关系，定义参数 $S_{DLT}(T, T_0)$ 为差分谱的绝对面积[144]：

$$S_{DLT}(T, T_0) = \int_{\lambda_1}^{\lambda_2} |\Delta S(\lambda, T, T_0)| \, d\lambda \qquad (3.14)$$

式中积分上下限 $\lambda_2$ 和 $\lambda_1$ 用于截取某一波段的荧光谱，避免激光冷却过程中大功率泵浦下散射的激光对采集到的晶体荧光谱造成影响。对于 $Yb^{3+}$：LLF 晶体，我们通常选择 975～995nm 波段进行差分处理。图 3.22(b) 给出了 7.5% $Yb^{3+}$：LLF 晶体的定标数据，对 $S_{DLT}$ 数据进行五阶多项式拟合，拟合所得曲线叫作温度定标曲线，拟合结果为：

$$T = 299.69 - 2181.62 S_{DLT} + 12560.10 S_{DLT}^2 - 42441.41 S_{DLT}^3$$
$$+ 73511.60 S_{DLT}^4 - 50260.85 S_{DLT}^5 \qquad (3.15)$$

值得注意的是光纤与晶体的相对位置发生改变后，光谱仪采集到的荧光信号也会有所不同。因此必须消除光纤位置对光谱的影响，使温度

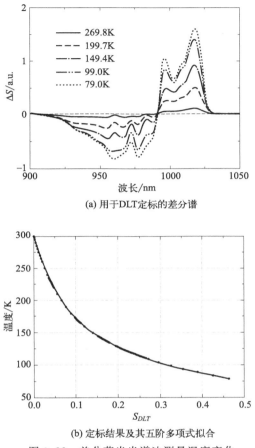

(a) 用于DLT定标的差分谱

(b) 定标结果及其五阶多项式拟合

图 3.22　差分荧光光谱法测量温度变化

成为改变荧光谱谱型的唯一因素。$Yb^{3+}$：LLF 晶体的激光冷却实验采用双次通过的泵浦方案，在调节好制冷光路后采集一组光谱数据，并记录此时的温度，该光谱记为 $S(\lambda, T_0')$。以 $S(\lambda, T_0')$ 为参考，将低温恒温器内的定标晶体温度设定为 $T_0'$，随后调节光纤位置，直至实时采集到的光谱与 $S(\lambda, T_0')$ 完全重合，从而消除光纤探测位置对光谱谱型产生影响。利用荧光谱中不同峰的温度依赖性展宽，DLT 可以获得低于 100mK 的测温精度。

如图 3.23 所示，利用 LabVIEW 串口通信功能，对光谱仪采集的光谱进行 $S_{DLT}$ 数据处理，根据预先得到的温度定标曲线，将 $S_{DLT}$ 信号转化为温度。相较于晶体冷却至平衡温度所需要的时间（约 20min），光谱仪采集一组光谱以及 LabVIEW 程序数据处理所需的时间（几毫秒）要短得多，因此可以得到晶体冷却温度随时间的变化规律，从而实现晶体温度的实时监测。

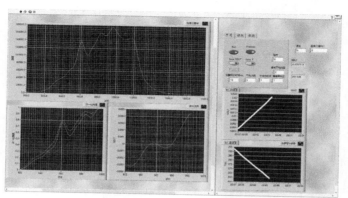

图 3.23　与光谱仪通信的 LabVIEW 光谱数据实时处理程序

# 3.7
## 本章小结

本章详细介绍了冷却参数的测量与计算过程。研究了晶体光谱的温度依赖性，包括荧光谱 $S(\lambda, T)$ 和吸收谱 $\alpha_r(\lambda, T)$。由于荧光收集系统存在光谱响应，为测得准确的荧光谱，首先介绍了光谱响应的校准原理和过程，分析比较了校准前后荧光谱谱型的变化。以 5％Yb$^{3+}$：LLF 晶体 300K 时光谱为依据，发现校准前后平均荧光波长相差 3.9nm，明确了校准的必要性。然后介绍了测量样品温度依赖荧光谱的实验装置，推导荧光谱经由导易定理和 McCumber 关系获得吸收谱的过程。提出一种校准红外热像仪的方法，编写了热成像视频和照片的像素读取程序，得到了热像仪温度变化与像素变化的函数关系，从而可以精确测量样品在不同波长激光泵浦下的 $\Delta T$。此外，介绍了比例系数法测量不同波长吸收功率的方法。最后详细阐述确定外部量子效率和背景吸收系数的 LIT-MoS 测试实验和数据处理过程，给出了 7.5％Yb$^{3+}$：YAG 晶体的 LIT-MoS 测试结果：$\eta_{ext} = (98.2\pm0.1)\%$，$\alpha_b = (4.5\pm0.1)\times10^{-4}\text{cm}^{-1}$。

第
4
章

掺镱钇铝石榴石晶体激光
冷却的理论与实验

# 4.1

## 概述

激光器在运行过程中确实会在增益介质中产生热沉积，这不仅影响了激光的相干性、偏振性和稳定性，还制约了激光功率的提升[168-170]。Bowman 提出，通过反斯托克斯荧光抵消增益介质中的热量沉积，可以实现无热激光，从而显著提高激光性能和输出功率[94,171]。$Yb^{3+}$：YAG 晶体因其出色的机械性能、热学性能和激光增益特性，已成为光泵浦固体激光器的理想增益介质。值得指出的是，$Yb^{3+}$：YAG 晶体不仅用作增益介质，还因其良好的激光冷却性能，成为无热激光器的理想选择。

针对不同 $Yb^{3+}$ 掺杂浓度的 YAG 晶体（1%、2%、3%、5%、7.5% 和 10%），本章进行了系统的激光冷却理论与实验研究。精确测量了与激光冷却效率相关的四个关键参数 $\lambda_f(T)$，$\alpha_r(\lambda, T)$，$\eta_{ext}$ 和 $\alpha_b$，并绘制了冷却效率与波长和温度的二维图谱。此外，还深入分析了掺杂浓度对冷却效率的影响。令人振奋的是，3% $Yb^{3+}$：YAG 晶体成功从室温冷却至 218.9K，创下了 $Yb^{3+}$：YAG 晶体的最低冷却温度纪录。还确定了用于激光冷却 $Yb^{3+}$：YAG 晶体的最佳浓度范围为 3%～5%。此外，对于块状 $Yb^{3+}$：YAG 晶体，我们也对其掺杂浓度对 RBLs 的影响进行了分析。

# 4.2

## 掺镱钇铝石榴石晶体性质

$Yb^{3+}$：YAG 晶体在紧凑、高效的二极管泵浦激光系统中有着广泛的应用[172]。掺 $Yb^{3+}$ 的材料具有良好的光谱和激光特性，如不遭受浓度猝灭、具有荧光上转换和激发态吸收等性质。同时还具有很长的储能寿命（通常是同种基质中 $Nd^{3+}$ 的三到四倍）和非常小的量子缺陷，从而减少了激光过程中增益介质内热量的产生。在基质材料 YAG 晶体中，

$Yb^{3+}$ 的荧光寿命为 $950\mu s$，量子缺陷仅为 $8.6\%$。$Yb^{3+}$：YAG 在 940nm 处有较宽的泵浦带，比 $Nd^{3+}$：YAG 中的 808nm 泵浦带宽 10 倍，使系统对二极管泵浦波长的热漂移不太敏感[96]。这些材料的特性以及 InGaAs 泵浦二极管的发展使 YAG 晶体成为二极管泵浦高能激光器的绝佳候选者。$Yb^{3+}$：YAG 晶体作为优异的激光增益介质，同时可以被激光冷却，已成为开发高功率辐射平衡激光器的重要载体。表 4.1 和表 4.2 汇总了 $Yb^{3+}$：YAG 晶体的理化性质和光学与光谱性质。

**表 4.1 $Yb^{3+}$：YAG 晶体理化性质[173]**

| 项目 | 性质 | 项目 | 性质 |
|---|---|---|---|
| 晶体结构 | 立方晶系-Ia3d | 晶格常数 | 12.01Å |
| 密度 | $(4.56\pm0.04g)/cm^3$ | 熔点 | 1970℃ |
| 热导率(@25℃)/$(W\cdot m^{-1}\cdot K^{-1})$ | 11.2 | 比热/$(J\cdot g^{-1}\cdot K^{-1})$ | 0.59 |
| 热光系数/℃ | $7.3\times10^{-6}$ | 热膨胀系数(@25℃)/$(10^{-6}\cdot K^{-1})$ | $8.2^{[100]}\ 7.7^{[110]}\ 7.8^{[111]}$ |
| 硬度(Mohs) | 8.5 | 剪切模量/GPa | 54.66 |
| 杨氏模量/GPa | 317 | 消光比/dB | 25 |
| 抗拉强度/GPa | 0.13～0.26 | 泊松比 | 0.25 |

**表 4.2 $Yb^{3+}$：YAG 晶体光学性质[173]**

| 项目 | 性质 | 项目 | 性质 |
|---|---|---|---|
| 激光跃迁 | $^2F_{5/2}\rightarrow{}^2F_{7/2}$ | 光子能量(@1030nm)/J | $1.93\times10^{-19}$ |
| 激光波长/nm | 1030 | 泵浦吸收带宽/nm | 8 |
| 单程损耗(@1064nm)/$cm^{-1}$ | 0.003 | 发射截面/$cm^2$ | $2.0\times10^{-20}$ |
| 二极管泵浦带/nm | 940/970 | 荧光寿命/ms | 1.2 |
| 发射谱线宽度/nm | 9 | 热光系数/$(℃^{-1})$ | $9\times10^{-6}$ |
| 折射率(@1030nm) | 1.82 | | |

作为光学制冷的基质材料，YAG 具有诸多潜在优势。YAG 晶体的热导系数较高，约为 ZBLAN 玻璃的 14 倍。YAG 易于机械加工，抛光过程中不易损坏。在某些光学制冷机设计中，高反射介质膜需要直接沉积在冷却元件上，所以更易抛光具有实际意义[138]。然而，YAG 作为光学制冷器的基质材料也存在一些局限性，比如较高的折射率会增加荧光囚禁的概率，荧光在逃逸之前被其他 $Yb^{3+}$ 再吸收并释放，增加了非辐

射弛豫的可能性[174]。此外，YAG 的声子能量较高，这进一步增加了非辐射弛豫率。虽然较高的非辐射弛豫率对于拥有约 $10000cm^{-1}$ 能级间隙的 $Yb^{3+}$：YAG 的冷却来说不是一个严重的问题，但对于掺杂其他稀土离子的 YAG 的激光冷却却是"致命"的。例如，在 $Tm^{3+}$：ZBLAN 中已经观察到了光学制冷，但在 $Tm^{3+}$：YAG 中，光学制冷提供的冷却功率无法克服非辐射弛豫产生的热量，从而无法产生激光净制冷[18]。

# 4.3
# 光学冷却参数测量结果及其分析

如图 4.1(a) 所示为 YAG 晶体中 $Yb^{3+}$ 的斯塔克能级分布，E3 → E5 能级的跃迁对应的激光波长为 1030nm，而 E4 →E5 能级的跃迁对应的是 1048nm。图 4.1(b) 展示了自发辐射荧光逃逸过程的示意图。激光泵浦位于样品中心的 $Yb^{3+}$，随后产生反斯托克斯荧光。荧光从样品内部逃逸的过程中可能被未激发的 $Yb^{3+}$ 离子吸收，并且部分荧光在样品内表面发生全反射，使荧光逃逸的路径增大，导致再吸收的概率变大。为了定量分析 $Yb^{3+}$：YAG 晶体的冷却效率，评估各掺杂浓度样品的激光冷却性能，我们开展完备的实验来获得与材料有关的参数，即 $\eta_{ext}$、$\alpha_b$、$\alpha_r(\lambda,T)$ 和 $\lambda_f(T)$，这有助于接下来系统分析 $Yb^{3+}$ 掺杂浓度对冷却参数的影响，冷却参数测量结果如图 4.2～图 4.6 所示。

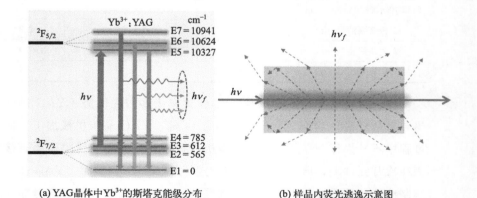

(a) YAG晶体中Yb³⁺的斯塔克能级分布　　(b) 样品内荧光逃逸示意图

图 4.1　$Yb^{3+}$ 斯塔克能级分布图及自发辐射荧光逃逸过程示意图

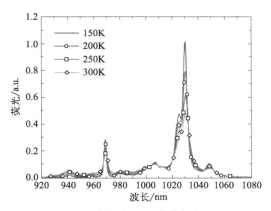

(a) 150～300K的荧光谱

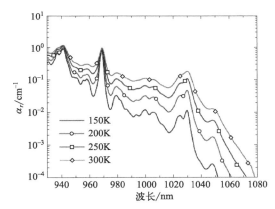

(b) 150～300K的吸收谱

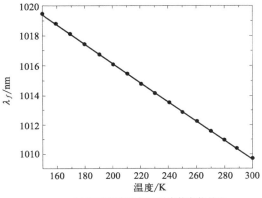

(c) 平均荧光波长随温度的变化关系

图 4.2

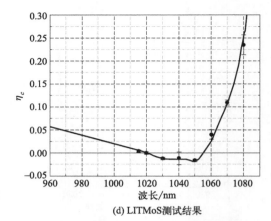

(d) LITMoS测试结果

图 4.2　1%Yb³⁺：YAG 晶体冷却参数

图（c）中实线为拟合曲线；图（d）中 $\eta_{ext}=0.992(\pm 0.1)$，$\alpha_r=(1.6\pm 0.1)\times 10^{-4}\,\mathrm{cm}^{-1}$

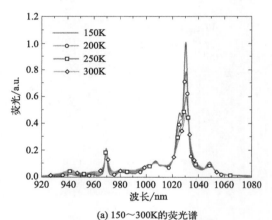

(a) 150～300K的荧光谱

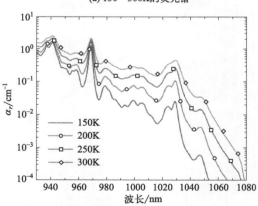

(b) 150～300K的吸收谱

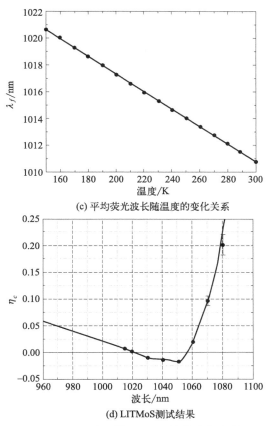

(c) 平均荧光波长随温度的变化关系

(d) LITMoS测试结果

图 4.3　2％Yb$^{3+}$：YAG 晶体冷却参数

图（c）中实线为拟合曲线；图（d）中 $\eta_{ext}=0.992(\pm1)$，$\alpha_r=(1.6\pm0.1)\times10^{-4}\,\mathrm{cm}^{-1}$

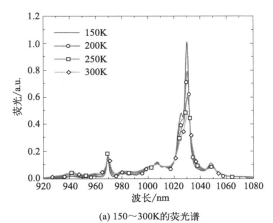

(a) 150～300K的荧光谱

图 4.4

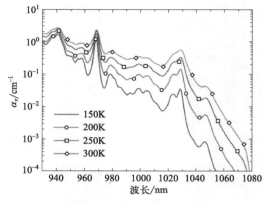

(b) 150～300K的吸收谱

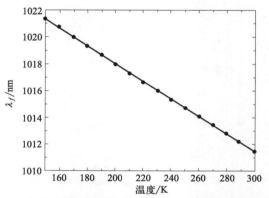

(c) 平均荧光波长随温度的变化关系(实线为拟合曲线)

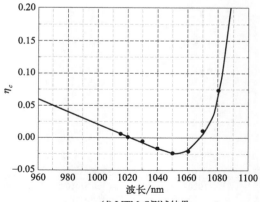

(d) LITMoS测试结果

图 4.4　$3\%\mathrm{Yb}^{3+}$：YAG 晶体冷却参数

图 (c) 中实线为拟合曲线；图 (d) 中 $\eta_{ext}=0.992(\pm0.1)$，$\alpha_r=(1.5\pm0.1)\times10^{-4}\mathrm{cm}^{-1}$

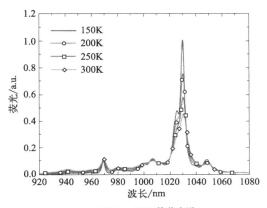

(a) 150~300K的荧光谱

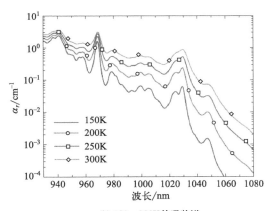

(b) 150~300K的吸收谱

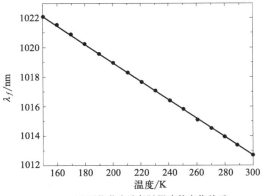

(c) 平均荧光波长随温度的变化关系

图 4.5

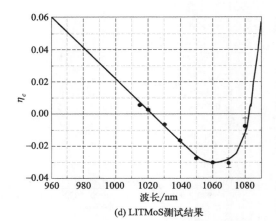

(d) LITMoS测试结果

图 4.5　5％Yb$^{3+}$：YAG 晶体冷却参数

图（c）中实线为拟合曲线；图（d）中 $\eta_{ext}=0.9915(\pm 0.1)$，$\alpha_r=(1.0\pm 0.1)\times 10^{-4}$cm$^{-1}$

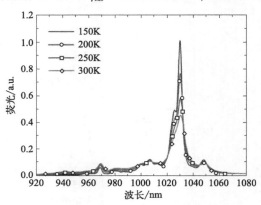

(a) 150～300K的荧光谱

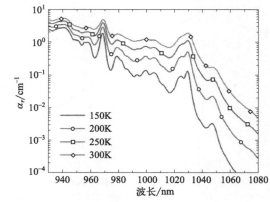

(b) 150～300K的吸收谱

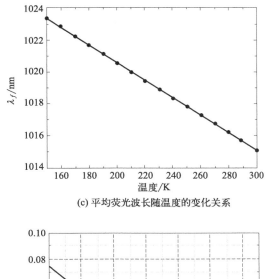

(c) 平均荧光波长随温度的变化关系

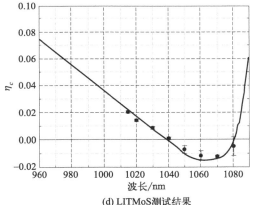

(d) LITMoS测试结果

图 4.6　$10\%\,Yb^{3+}$：YAG 晶体冷却参数

图 (c) 中实线为拟合曲线；图 (d) 中 $\eta_{ext} = 0.978(\pm 0.1)$，$\alpha_r = (2\pm 0.1)\times 10^{-4}\,cm^{-1}$

## 4.3.1　外部量子效率

外部量子效率 $\eta_{ext} = \eta_e W_r / (\eta_e W_r + W_{nr}) = \tau_f / \tau_r$。式中 $\tau_f = \eta_e \tilde{\tau}_r \tau_{nr} / (\tilde{\tau}_r + \tau_{nr})$，是掺杂离子低浓度时的荧光寿命；$\tilde{\tau}_r = \tau_r / \eta_e$，是考虑再吸收和全内反射情况下的辐射寿命；$\tau_r$ 是单离子辐射寿命；$\tau_{nr}$ 是非辐射寿命；$W_r = 1/\tau_r$ 和 $W_{nr} = 1/\tau_{nr}$ 分别是激发态能级的辐射和非辐射弛豫率；$\eta_e$ 是与晶体中的荧光再吸收和全内反射有关的荧光逃逸率，可表示为[175]：

$$\eta_e = \frac{\eta_0{}^N \left[ \exp(-\alpha L)/n - \sqrt{1 - 1/n^2} + 1 \right]}{1 - \left[ \sqrt{1 - \frac{1}{n^2}} - \exp(-\alpha L)/n \right] \eta_0{}^N} \qquad (4.1)$$

式中，$L$ 是晶体长度；$n$ 是折射率；$\alpha$ 是平均再吸收系数，定义为吸收和归一化荧光强度积分面积的乘积；$N = G(L/l_{ave})^2$，其中 $l_{ave}$ 是荧光再吸收概率为 $50\%$ 的平均自由程，$\exp(\alpha l_{ave}) = 0.5$，$G = 0.308$ $(l_{ave}/L) + 1.078(l_{ave}/l)^2$。理想情况下，$\eta_e = 1$ 意味着所有辐射弛豫的光子全部离开样品而没有被再吸收。

在掺杂离子浓度较高的系统中，离子与离子之间的激发态电子迁移将影响激发态能级的寿命，可用以下关系来描述[176]：

$$\tau_f = \frac{\tau_w (1 + \sigma N l)}{1 + \frac{9}{2\pi} \left( \frac{N_Y}{N_0} \right)^2} \qquad (4.2)$$

式中，$\tau_w = 0.95\text{ms}$，是低掺杂浓度下的荧光寿命；$\sigma$ 是吸收截面；$l$ 是平均吸收长度；$N_Y$ 是 $Yb^{3+}$ 掺杂浓度；$N_0 = 2.3 \times 10^{21}\,\text{cm}^{-3}$（约 $17\%$）是 $Yb^{3+}$ 激发态迁移和自发弛豫概率相等的临界浓度。式(4.2) 描述了掺杂 $Yb^{3+}$ 系统中共振辐射和非共振辐射的能量传递。掺杂 $Yb^{3+}$ 浓度增加使 $Yb^{3+}$ 离子之间的距离减小，造成非辐射共振能量传递，从而导致 $Yb^{3+}$ 系统中的能量迁移。这种迁移能量既可以通过 $Yb^{3+}$ 的自发辐射释放，也可以通过晶格中的缺陷或杂质猝灭。在高掺杂 $Yb^{3+}$ 浓度体系中的非辐射共振能量传递机制，即使在不含任何杂质的理想 $Yb^{3+}$ 体系中也会缩短 $^2F_{5/2}$ 激发态荧光的寿命。在掺杂离子浓度较高的样品中，能量可以从一个离子传递到另一个离子。当 $Yb^{3+}$ 掺杂浓度低于 $N_0$ 时，发生在样品中激发态电子迁移和协同发光等可以忽略。随 $Yb^{3+}$ 掺杂浓度升高，辐射寿命先增加后减小，在浓度为 $2.5\%$ 时达到最大值，浓度从 $1\%$ 增加到 $50\%$，其辐射寿命减少了近一个数量级。

与 $Yb^{3+}$：YLF 和 $Yb^{3+}$：LLF 等其他激光冷却晶体相比，$Yb^{3+}$：YAG 由于折射率较大，具有更大的全内反射临界角。增加 $Yb^{3+}$ 的掺杂浓度会使 $Yb^{3+}$：YAG 折射率变大，荧光更容易被困在晶体中被其他 $Yb^{3+}$ 离子吸收。Heeg 等[175] 以掺杂稀土离子的立方体样品为例，详细研究了固体材料中荧光再吸收和囚禁的过程。发射后直接离开 $Yb^{3+}$：

YAG 样品而不经历再吸收的荧光光子比例为 $F_A = 1 - \cos\theta_c = 1 - \sqrt{1 - 1/n^2} \approx 0.162$，即 16.2%。式中，$n = 1.833$ 为 $Yb^{3+}$：YAG 样品的折射率；$\theta_c = \sin^{-1}(1/n) = 33°$ 是样品内全反射的临界角。在折射率为 1.476（//c）的 $Yb^{3+}$：YLF 样品中，26.4% 的光子直接离开样品没有被再吸收，折射率越大，再吸收光子数的比例越大，减小全内反射对提高冷却效果非常重要。随着掺杂离子浓度和样品尺寸的增大，样品的再吸收增加，实验中的 $Yb^{3+}$：YAG 晶体具有相同的尺寸，因此只分析掺杂浓度对外部量子效率的影响。如图 4.7 所示为 Nemova 等[177] 对五种离子掺杂浓度 $Yb^{3+}$：YAG 晶体的外量子效率的理论计算结果，这五种样品均为边长为 5mm 的立方体，从图中可知晶体的外部量子效率随着掺杂浓度的增加而减小。

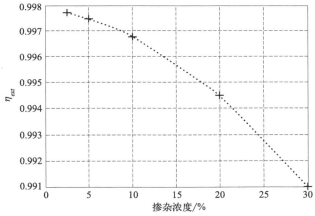

图 4.7　边长 $L = 5mm$ 的 $Yb^{3+}$：YAG 立方体，
$Yb^{3+}$ 浓度与外量子效率 $\eta_{ext}$ 的关系[177]

图 4.8 给出了 $Yb^{3+}$ 浓度与外部量子效率 $\eta_{ext}$ 的实验测量结果。测量结果显示 $Yb^{3+}$ 掺杂浓度低于 5% 的样品具有几乎相同的外部量子效率，但是超过 5% 后荧光再吸收效应明显增强，外部量子效率下降明显。实验中 $Yb^{3+}$：YAG 晶体截面只有 2mm×2mm，理论计算的外部量子效率应比图 4.7 相同浓度的还要高，但是实际测量结果却小于图 4.8 的理论计算值。理论计算和实验测量结果虽然在数值上存在较大差别，但外部量子效率随着掺杂浓度升高而减小的趋势相同。而外部量子效率的测量结果与理论计算结果的差别可能是由晶体表面的抛光度、洁净度以

及杂质离子浓度不同导致的。

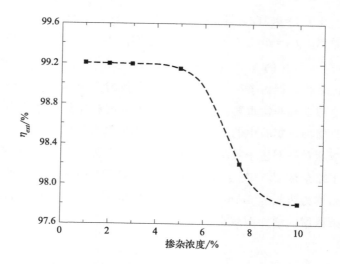

图 4.8　相同尺寸（2mm×2mm×5mm），不同 $Yb^{3+}$
掺杂浓度 YAG 晶体的外量子效率 $\eta_{ext}$ 测量结果

## 4.3.2　背景吸收系数

目前认为杂质是背景吸收的主要来源。它们引入额外的能级吸收泵浦光，随后发生非辐射弛豫，产生热量。此类杂质还可以充当"陷阱"接收来自 $Yb^{3+}$ 激发态非辐射转移的能量，从而降低 $\eta_{ext}$。背景吸收的性质尚未完全了解，可能是由样品内的各种杂质引起的。对于掺 $Yb^{3+}$ 的材料，特别要关注的是 3d 过渡金属离子。二价金属离子（例如 $Cu^{2+}$、$Fe^{2+}$ 和 $Co^{2+}$）在 $1\mu m$ 处具有强且宽的吸收带，该吸收带与氟化物材料中 $Yb^{3+}$ 泵浦激光波长重叠[74]。特别是一些诸如 $Yb^{3+}$：YLF 单晶的背景吸收与浓度约为百万分之一的铁杂质之间存在着很强的相关性[45]。微量的过渡金属，特别是铁，可以降低甚至完全抵消冷却过程[144]。除了 3d 过渡金属离子外，$OH^-$ 离子或其他稀土离子等还可能引入导致加热的多声子弛豫，并通过基态或激发态吸收对 $\alpha_b$ 产生影响。这些杂质不利于激光冷却，并且其来源未知的低阈值浓度使准确定量和提纯处理变得具有挑战性[40]。对材料纯度的苛刻要求需要严格控制纯化和生长过程。背景吸收系数的大小取决于晶体中杂质离子的浓度和类型等，与 $Yb^{3+}$ 的浓度并无关联性，图 4.9 所展示的结果也证明了这一点。

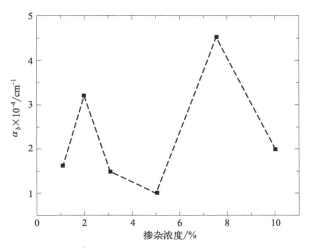

图 4.9　不同 $Yb^{3+}$ 掺杂浓度 YAG 晶体的背景吸收系数测量结果

## 4.3.3　平均荧光波长

Brown 等[178] 给出了 $Yb^{3+}$：YAG 晶体平均荧光波长随温度变化的理论计算公式。$Yb^{3+}$ 离子基态和激发态斯塔克子能级的玻尔兹曼占有数记作 $f_{0i}$ 和 $f_{1j}$，其中 $i=1,2,3,4$，$j=5,6,7$。玻尔兹曼占有因子 $f_i$ 和 $f_j$ 是温度的函数，计算公式为[178]：

$$f_i = \frac{\exp\left(-\dfrac{E_0}{k_B T}\right)}{\sum\limits_{i}^{4} \exp\left(-\dfrac{E_i}{k_B T}\right)} \tag{4.3a}$$

$$f_j = \frac{\exp\left(-\dfrac{E_j}{k_B T}\right)}{\sum\limits_{j=5}^{7} \exp\left(-\dfrac{E_j}{k_B T}\right)} \tag{4.3b}$$

式中，玻尔兹曼常数 $k_B = 1.3806 \times 10^{-23}$ J·K$^{-1}$，$E_{0i}$ 和 $E_{1j}$ 分别表示图 4.1（a）基态 $^2F_{7/2}$ 和激发态 $^2F_{5/2}$ 子能级的能量。Demirkhanyan[179] 计算了室温下 $Yb^{3+}$：YAG 晶体的分支比，分支比标记为 $\beta_i^j$。

由此计算平均荧光波长的理论公式为：

$$\lambda_f = \frac{c}{\nu_f} = \frac{c\left(\sum\limits_{j}^{7}\sum\limits_{i}^{4} f_j \beta_i^j\right)}{\sum\limits_{j}^{7}\sum\limits_{i}^{4} f_j \beta_i^j \nu_i^j} \tag{4.4}$$

式中，$\nu_i^j$ 是激发态到基态的各个跃迁频率。

随着温度的降低，电子向基态较低的子能级转移。利用式(4.4)计算平均荧光波长随温度的变化规律，发现 $\lambda_f(300\text{K}) = 1009.2\text{nm}$，$\lambda_f(80\text{K}) = 1011.6\text{nm}$，300K 到 80K 的温度变化使平均荧光波长仅红移 2.4nm，随温度的变化较为平缓。经实验测得 $1\% \text{Yb}^{3+}$：YAG 晶体的 $\lambda_f(300\text{K}) = 1009.6\text{nm}$，测量结果与理论计算值一致。但 $\lambda_f(80\text{K}) = 1019.5\text{nm}$，低温下测量结果与理论计算值存在很大差异。

平均荧光波长测量结果显示，对于尺寸相同（2mm×2mm×5mm）的 $\text{Yb}^{3+}$：YAG 晶体，$\text{Yb}^{3+}$ 掺杂的浓度从 1% 增加到 10%，在 300K 时红移 5.3nm，而在 150K 时红移 3.8nm。随 $\text{Yb}^{3+}$ 掺杂浓度增加，荧光再吸收和囚禁变得更有效，从而导致在较高能量下的发射光更快耗尽[35]，平均荧光波长随之发生红移。如图 4.10 所示荧光谱为 $\text{Yb}^{3+}$ 掺杂浓度的增加导致再吸收增加提供证据，从图中还可以看出 300K 和 150K 下平均荧光波长随掺杂浓度增加的红移量不同的原因。300K 时短波段 920~975nm 的荧光强度随掺杂浓度增加而减小，而长波段 1043~1060nm 荧光强度随掺杂浓度增加而增大。150K 时仅有短波段 963~975nm 的荧光强度随掺杂浓度增大而减小，其他波段各掺杂浓度的荧光

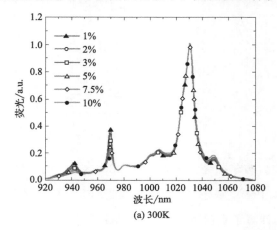

(a) 300K

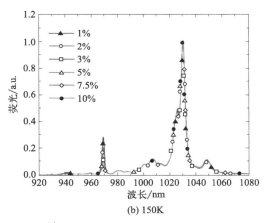

(b) 150K

图 4.10　不同 $Yb^{3+}$ 掺杂浓度 YAG 晶体在不同温度下的归一化荧光谱

谱线几乎重合，因此 300K 时的红移量大于 150K。样品温度、$Yb^{3+}$ 掺杂浓度、样品截面尺寸等都是影响平均荧光波长的因素，因此很难准确得到平均荧光波长的理论公式。在保证截面尺寸相同的条件下，才可以研究掺杂浓度对平均荧光波长产生的影响。

## 4.3.4　共振吸收系数

　　$Yb^{3+}$ 掺杂浓度越高，单位体积内参与吸收泵浦激光的掺杂离子数目就越多，共振吸收越强。如图 4.11（a）所示，在 1020～1060nm 激光冷却区内，$Yb^{3+}$：YAG 晶体的吸收系数随掺杂浓度的升高而变大，将 1030nm 的吸收系数取出并进行拟合，如图 4.11（b）所示，共振吸收系

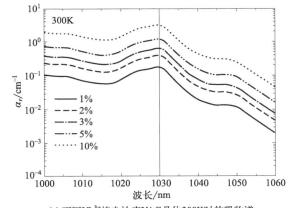

(a) 不同$Yb^{3+}$掺杂浓度YAG晶体300K时的吸收谱

图 4.11

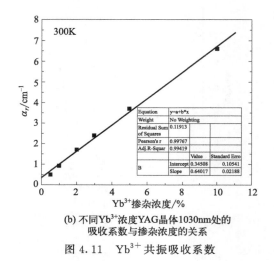

(b) 不同Yb³⁺浓度YAG晶体1030nm处的
吸收系数与掺杂浓度的关系

图 4.11　Yb³⁺ 共振吸收系数

数与掺杂浓度展现出良好的线性关系。

## 4.3.5　冷却窗口

现在计算冷却效率的参数已经完全确定，可以开始绘制冷却窗口。图 4.12 给出了不同 Yb³⁺ 掺杂浓度 YAG 晶体的"冷却窗口"。Yb³⁺：YAG 晶体在"冷却尾巴"内有两个共振吸收峰（1030nm 和 1048nm），浓度低于 5% 的"冷却窗口"存在两个冷却峰值，并且随着浓度的增加，1048nm 处的冷却效率逐渐增强。当掺杂浓度超过 5%，1030nm 将变为加热波长，制冷效果完全消失，因此"冷却窗口"的冷却峰值位置仅有 1048nm 一处。

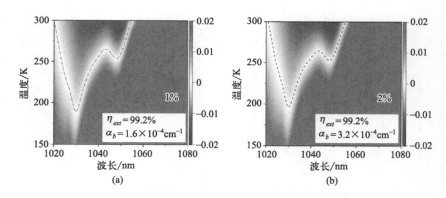

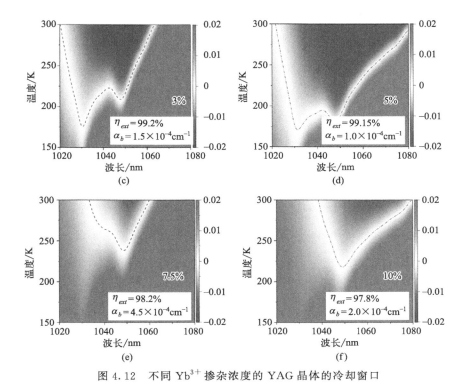

图 4.12　不同 $Yb^{3+}$ 掺杂浓度的 YAG 晶体的冷却窗口

# 4.4

## 激光冷却结果及其分析

　　$Yb^{3+}$：YAG 晶体激光冷却实验采用上海光机所出产的光纤激光器。输出激光波长在 1010~1080nm 范围内可调，信噪比＞40dB。输出激光线宽约 0.5nm，最大输出激光功率随波长而变，在 1019~1070nm 波长范围内，最大输出功率约 50W。输出激光为线偏振，偏振消光比＞15dB。激光准直输出，光斑半径（3±0.5）mm。激光器输出波长和功率通过 LabVIEW 程序进行调节。

　　激光冷却实验装置如图 4.13 所示。利用半波片（HWP）调节激光偏振方向，使得透过光隔离器（OI）的功率最大。光隔离器保护激光免受反射光损害。半波片与偏振分束器（PBS）相结合用于连续改变后续光路中激光的功率。一对模式匹配透镜组成的望远镜系统用来缩小激光束腰半径。布儒斯特角切割的晶体减小入射激光在表面的反射。真空腔壁配有光纤贯通转接键，将内外光纤连接，用于收集晶体发射的荧光。晶体置于真空腔内，被两根直径 $100\mu m$ 裸光纤支撑。涡轮分子泵将真空度抽至 $10^{-4}$Pa。YAG 晶体的激光冷却采用差分荧光光谱测温法，编写的 Lab-VIEW 程序与光谱仪建立通信，可以实时处理光谱数据，监测晶体冷却温度。差分荧光光谱测法的测温过程在附录 C 中进行了详细的介绍。

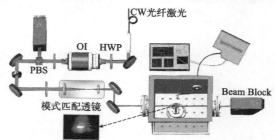

图 4.13　$Yb^{3+}$：YAG 晶体激光冷却实验的装置示意图

固体材料激光冷却实验中，样品的温度在激光冷却与热负载加热的相互作用下随时间变化，当冷却功率与加热功率相等时晶体温度到达稳定，此后将不再随时间发生改变。如 2.5 节所述，样品温度含时演变的方程为[141]：

$$C(T)\frac{\mathrm{d}T}{\mathrm{d}t} = \eta_c(\lambda, T)P_{in}(1 - \mathrm{e}^{-\alpha(\lambda, T)L}) -$$
$$\left[\frac{N\kappa_L A_L}{d_L}(T_c - T) + \frac{\varepsilon_s A_s \sigma}{1 + \chi}(T_c^4 - T^4)\right] \tag{4.5}$$

黑体辐射项中的 $\chi = (1 - \varepsilon_c)\varepsilon_s A_s / \varepsilon_c A_c$，腔室的内壁表面积比晶体面积高 4 个数量级，$\chi$ 值接近 $10^{-3}$。$Yb^{3+}$：YAG 晶体激光冷却实验中作用在样品上的热负载来自接触传导和黑体辐射热负载。通过改变入射激光功率使样品产生不同的冷却功率，因此样品的稳态平衡温度与入射激光功率有关。在相同的外界热负载参数条件下，研究晶体温度与入射激光功率之间的关系，并在最大入射激光功率泵浦下获得样品最低的激光冷却温度。通过光学冷却参数测量结果及其分析可以确定 $Yb^{3+}$：YAG 晶体的最佳激光冷却波长，浓度低于 5% 的 $Yb^{3+}$：YAG 晶体的最佳冷却波长为 1030nm，高于 5% 的 $Yb^{3+}$：YAG 晶体的最佳冷却波长为 1048nm。如图 4.14 所示为针对不同掺杂浓度的 $Yb^{3+}$：YAG 晶体执行的激光冷却实验。图中圆形实验数据点均满足 $dT/dt = 0$，实线表示利用式(4.5) 拟合的结果，冷却效率 $\eta_c(\lambda,T)$ 包含的外部量子效率和背景吸收系数通过 LITMoS 测试获得。

提高 $Yb^{3+}$ 掺杂浓度可以有效增强样品对泵浦激光的共振吸收，增加参与激光冷却循环中 $Yb^{3+}$ 的数量，这是对激光冷却有利的。但随着浓度的增加导致的平均荧光红移和外部量子效率降低同时也不利于激光冷却。在同样的实验条件下，当掺杂浓度为 3％～5％时，$Yb^{3+}$：YAG 晶体有着最佳的激光冷却性能。3％ $Yb^{3+}$：YAG 晶体在波长 1030nm、功率 36W 的激光泵浦下冷却至 218.9K，这是目前 YAG 激光冷却所获得的最低制冷温度。图 4.15 为不同掺杂浓度 $Yb^{3+}$：YAG 晶体最低的激光冷却温度。与浓度为 7.5％的样品相比，浓度为 10％的样品具有更高的纯度和更强的共振吸收，冷却温度 10％低于 7.5％。

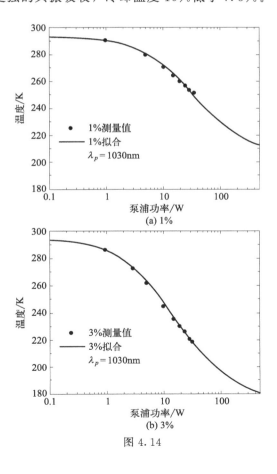

图 4.14

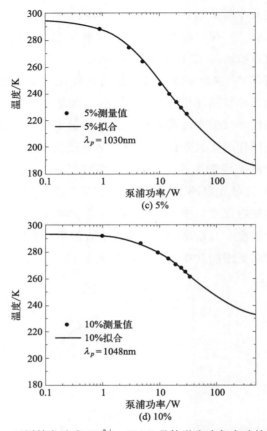

图 4.14　不同掺杂浓度 Yb³⁺：YAG 晶体激光冷却实验结果及拟合

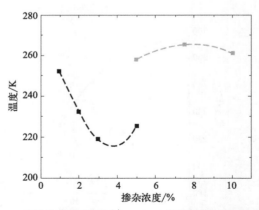

图 4.15　不同掺杂浓度 Yb³⁺：YAG 晶体最低的激光冷却温度

# 4.5
## 掺镱钇铝石榴石和氟化钇锂晶体激光冷却性能对比分析

本节对 $Yb^{3+}$ 掺杂浓度 7.5% 的 YLF 和 YAG 晶体在相同条件下的光谱特征、物理性能、能级结构和反斯托克斯荧光制冷性能进行系统性的对比研究。实验所用的 $Yb^{3+}$：YLF 晶体由意大利比萨大学 Mauro Tonelli 教授提供，掺杂浓度为 7.5%，仅有这一种浓度。

图 4.16 为 7.5% $Yb^{3+}$：YLF 和 7.5% $Yb^{3+}$：YAG 晶体在 300K 时的荧光谱和吸收谱，以及两种材料中 $Yb^{3+}$ 的能级结构，本节后续 YLF 和 YAG 均指 $Yb^{3+}$ 掺杂浓度为 7.5% 的样品。可以看出，$Yb^{3+}$ 离子的斯塔克能级在不同的基质材料中存在显著差别。YLF 和 YAG 晶体在 300K 时的 $\lambda_f$ 分别为 998.6nm 和 1014.0nm。为了实现激光冷却，泵浦激光波长必须位于"冷却尾巴"内，对于 YLF 晶体，泵浦激光波长优先选择 1020nm，对应 E4 →E5 的能级跃迁。对于 YAG 晶体，泵浦激光波长可以选择 1030nm 或 1048nm，对应 E3 →E5 和 E4 →E5 的能级跃迁。YAG 晶体中 $Yb^{3+}$ 离子的基态能级间隙为 785cm$^{-1}$，而 YLF 晶体中 $Yb^{3+}$ 离子的基态能级间隙为 477cm$^{-1}$。通常情况下，基态能级间隙较小的材料更适合激光冷却，而基态能级间隙较大的材料更适合产生激光。

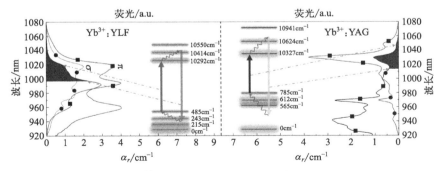

图 4.16　7.5% $Yb^{3+}$ 掺杂的 YLF 和 YAG 晶体在 300K 的吸收 (—■—)
和荧光 (—●—) 光谱及其各自的能级结构

如图 4.17(a)、(b)所示为 YLF 和 YAG 晶体在 100～300K 的荧光谱，二者谱型存在明显差别。图 4.17 （c） 为两种晶体平均荧光波长随温度的变化结果及其线性拟合，拟合结果为：$\lambda_f^{YLF}(T) = (1009.75 - 0.038 \times T)nm$，$\lambda_f^{YAG}(T) = (1031.25 - 0.057 \times T)nm$。分析 YAG 晶体在 300K 时的荧光光谱，荧光峰值出现在 1030nm 处，波长 1014～1044nm 的积分面积占总积分面积的 53.4%。YAG 晶体的平均荧光波

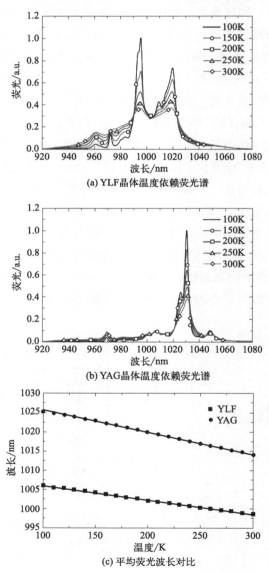

(a) YLF晶体温度依赖荧光谱

(b) YAG晶体温度依赖荧光谱

(c) 平均荧光波长对比

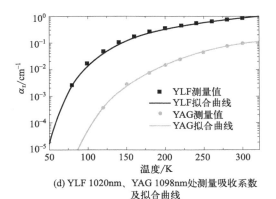

(d) YLF 1020nm、YAG 1098nm处测量吸收系数
及拟合曲线

图 4.17　YLF 与 YAG 晶体性质比较

长比 YLF 晶体大 15.4nm，且随着温度的降低，红移速度加快。如图 4.17(d) 所示，对应相同能级之间跃迁 E4→E5，YLF 晶体的吸收系数比 YAG 晶体高一个数量级，且 YAG 晶体的吸收系数随温度降低减小得更快。通过上述比较表明，YAG 晶体相比 YLF 晶体不利于激光冷却。

图 4.18(a) 为进行 LITMoS 测试实验示意图，测得 $\eta_{ext}^{\mathrm{YLF}}=(99.0\pm0.1)\%$，$\alpha_b^{\mathrm{YLF}}=(2.5\pm0.1)\times10^{-4}\,\mathrm{cm}^{-1}$ 和 $\eta_{ext}^{\mathrm{YAG}}=(98.2\pm0.1)\%$，$\alpha_b^{\mathrm{YAG}}=(4.5\pm0.1)\times10^{-4}\,\mathrm{cm}^{-1}$。通过 4.4 节的理论分析可知外部量子效率的大小与荧光逃逸率有直接关系。YLF 和 YAG 晶体的折射率分别为 1.46 和 1.82，对应的荧光光子全内反射概率分别为 72.4% 和 83.8%。因此，YAG 晶体的荧光更容易被囚禁在晶体内部。如图 4.18 (b) 所示，冷却效率有两个零交叉波长：激光冷却/加热的截止点。对于 YLF 晶体，第一和第二零交叉波长分别位于 1008nm 和 1063nm 处。

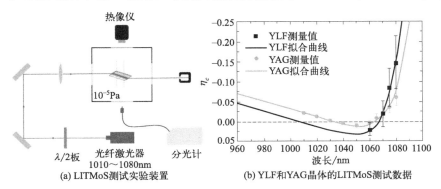

(a) LITMoS测试实验装置　　(b) YLF和YAG晶体的LITMoS测试数据

图 4.18

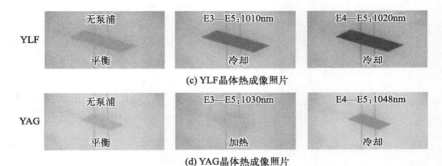

(c) YLF晶体热成像照片

(d) YAG晶体热成像照片

图 4.18　LITMoS测试实验装置及结果

共振能级跃迁 E3 → E5 和 E4 → E5 波长 1010nm 和 1020nm，位于 [1008，1063] 的冷却范围内。YLF 晶体在这两个波长泵浦时，通过热像仪实验观察到激光冷却效果，如图 4.18(c) 所示。对于 YAG 晶体，第一和第二零点交叉波长分别位于 1033nm 和 1063nm。共振能级跃迁 E3 → E5 和 E4 → E5 发生在 1030nm 和 1048nm 处。泵浦波长 1048nm 位于 [1033，1063] 的冷却范围内，而 1030nm 则不在冷却范围内。YAG 晶体在 1048nm 处泵浦时，实验上观察到激光冷却效果，但在 1030nm 处泵浦时观察到激光加热，如图 4.18(d) 所示。

Yb$^{3+}$ 掺杂浓度为 3% 和 5% 的 YAG 晶体泵浦在 1030nm 处的激光冷却和辐射平衡激光器均已在实验上证明。Yb$^{3+}$：YAG 晶体作为增益介质的 RBLs 通常选择比 $\lambda_c = 1033$nm 更短的 1030nm 作为泵浦波长。实现 RBLs 的基本条件是满足不等式 $\lambda_c < \lambda_P < \lambda_L$。RBLs 的小信号增益谱 $\gamma(\lambda)$ 表示为[96]：

$$\gamma(\lambda) = \alpha_r(\lambda) \frac{i_P \left( \frac{\beta_P}{\beta_L} - 1 \right) - 1}{1 + i_P + i_L} \qquad (4.6)$$

式中，$\beta_P = \left( 1 + \frac{Z_1}{Z_2} e^{\frac{E_{15} - hc/\lambda_P}{k_B T}} \right)^{-1}$，$\beta_L = \left( 1 + \frac{Z_1}{Z_2} e^{\frac{E_{15} - hc/\lambda}{k_B T}} \right)^{-1}$，$Z_1$ 和 $Z_2$ 分别是基态和激发态能级的配分函数；归一化强度 $i_P = I_P / I_{SP}$，$i_L = I_L / I_{SL}$；饱和强度 $I_{SP} = \frac{hc}{\lambda_P \sigma(\lambda_P) \tau_f} \beta_P$，$I_{SL} = \frac{hc}{\lambda_L \sigma(\lambda_L) \tau_f} \beta_L$，吸收截面 $\sigma(\lambda) = \alpha_r(\lambda) / N_0$，$N_0$ 是 Yb$^{3+}$ 的格位浓度，$\tau_f$ 是荧光寿命。令 $I_L = 0$ 和 $I_P = 17.3$kW/cm$^2$，计算不同泵浦光波长下的小信号增益谱，

结果如图 4.19（a）所示。当 $\lambda_P \geqslant 1038\text{nm}$，小信号增益谱超出 7.5%
$\text{Yb}^{3+}$：YAG 晶体的冷却窗口范围 [1033，1063]。为了满足 RBLs 不等
式条件，泵浦光的波长范围限于 1033～1038nm 之间。$\lambda_P = 1035\text{nm}$ 时，
在冷却窗口范围内的 1060nm 处有相对较强的增益信号，满足辐射平衡
的基本条件。

假设激光热功率密度 $Q = 0$，Bowman 推导出辐射平衡的条件[96]
如下：

$$\frac{i_P^{\min}}{i_P} + \frac{i_L^{\min}}{i_L} = 1 \tag{4.7}$$

式中，$i_P^{\min} = \dfrac{\lambda_P}{\lambda_c} \dfrac{\lambda_L - \lambda_c}{\lambda_L - \lambda_P} \times \dfrac{\beta_L}{\beta_P - \beta_L}$，$i_L^{\min} = \dfrac{\lambda_L}{\lambda_c} \dfrac{\lambda_P - \lambda_c}{\lambda_L - \lambda_P} \times \dfrac{\beta_P}{\beta_P - \beta_L}$，$\lambda_c$
是零交叉波长。式(4.7) 展示了泵浦光和激光光强所满足的必要条件。

最佳耦合条件下的总腔内强度为[100]：

$$i_L = (i_P + 1) \left[ \sqrt{\frac{1}{\xi} \times \frac{i_P \left( \dfrac{\beta_P}{\beta_L} - 1 \right) - 1}{i_P + 1}} - 1 \right] \tag{4.8}$$

上式 $\xi = \dfrac{\ell_i}{2L\alpha_r(\lambda_L)}$ 为归一化内腔损耗因子，其中 $\ell_i$ 为腔内损耗，$L$ 为
样品长度。由式(4.7) 和式(4.8) 可求解最佳的 RBL 点。例如，使用
$L = 5\text{mm}$，7.5% $\text{Yb}^{3+}$：YAG 晶体的数据，计算式（4.7）和式（4.8）
曲线的交叉点，如图 4.19(b) 所示。当内损耗 $\ell_i = 0.1\%$ 时，交叉点坐
标为 （0.64，1.55）。

处于 RBL 条件下的光-光效率定义为输出激光功率与吸收泵浦功率
的比值，表达式为[100]：

$$\eta = \frac{\lambda_P}{\lambda_L} \frac{\xi \beta_L}{\beta_P} \times \frac{(i_P + i_L + 1)i_L^2}{i_P(i_P + 1)\left[ i_L \left( 1 - \dfrac{\beta_L}{\beta_P} \right) + 1 \right]} \tag{4.9}$$

在 $\lambda_P = 1035\text{nm}$，$\lambda_L = 1060\text{nm}$ 和 $\lambda_c = 1033\text{nm}$ 时，由式(4.9) 计
算 RBL 条件下的光-光转化效率仅为 3%。上述研究表明，用于 RBLs 的
块状 YAG 晶体中 $\text{Yb}^{3+}$ 离子的掺杂浓度应小于 7.5%。理论上，$\text{Yb}^{3+}$
掺杂浓度为 7.5% 的高纯度 YAG 晶体具有更好的外部量子效率和更小
的背景吸收系数，可在 1030nm 处实现制冷。另外特殊几何形状的晶
体，比如直径 200$\mu$m、长度 5mm，荧光重吸收更少的晶体，也可能被

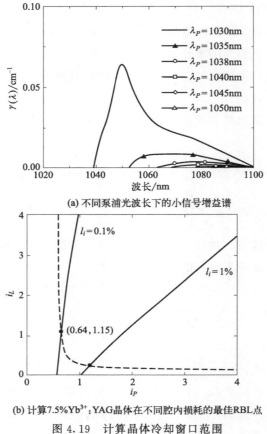

(a) 不同泵浦光波长下的小信号增益谱

(b) 计算7.5%Yb³⁺:YAG晶体在不同腔内损耗的最佳RBL点

图 4.19　计算晶体冷却窗口范围

图 (b) 中，$\lambda_P=1035\text{nm}$，$\lambda_L=1060\text{nm}$

冷却。上述结论是在当前的实验条件下得出的。

　　YLF 和 YAG 晶体的激光冷却实验分别在波长 1020nm 和 1048nm 下进行。图 4.20(a) 和 (b) 为 YLF 和 YAG 晶体的单次激光通过冷却结果。YLF 和 YAG 晶体在泵浦激光功率逐渐增加到 34W 时分别冷却至 162.0K 和 265.3K，二者最低冷却温度相差超过 100K。当激光通过晶体次数达到 50 次时，YLF 和 YAG 晶体可以分别被冷却到 131.2K 和 237.9K。图 4.20(c) 和 (d) 分别为 YLF 和 YAG 晶体制冷温度的含时演化。泵浦功率为 34W，晶体达到最终的稳态温度大约需要 10min。由式(4.5) 也可以从理论上预测出冷却过程完整的时间依赖性温度演化，相应的结果如图 4.20(c) 和 (d) 实线所示。测量结果与理论预测保持良好的一致性。对于 YLF 晶体，荧光信号非常强，光谱仪在冷却的初始阶段发生饱和，导致差分荧光光谱测温无法实现。仅当晶体冷却到 220.0K 以下，才能开始记录其温度。对于 YAG 晶体，荧光信号始终低于光谱仪的饱和值，所以可以记录晶体的整个制冷过程。

上述研究表明 $Yb^{3+}$：YLF 晶体比 $Yb^{3+}$：YAG 晶体具有更好的激光冷却性能，更适合开发光学制冷器。然而，$Yb^{3+}$：YAG 晶体是开发辐射平衡激光器的优良增益介质，但 $Yb^{3+}$ 掺杂浓度不应该超过 7.5%。

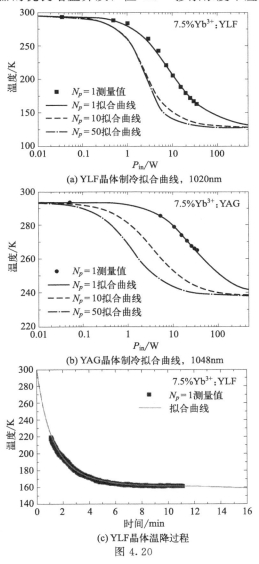

(a) YLF晶体制冷拟合曲线，1020nm

(b) YAG晶体制冷拟合曲线，1048nm

(c) YLF晶体温降过程

图 4.20

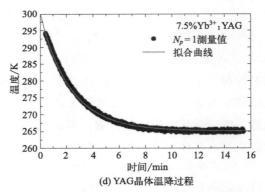

(d) YAG晶体温降过程

图 4.20　YLF、YAG 晶体激光冷却结果与含时演化

# 4.6

## 本章小结

　　本章对一系列不同掺杂 $Yb^{3+}$ 浓度的 YAG 晶体开展了完备的激光冷却理论与实验研究。首先介绍了 YAG 晶体激光冷却的实验装置。随后精确测定了冷却效率的四个重要参数：$\lambda_f(T)$、$\alpha_r(\lambda, T)$、$\eta_{ext}$ 和 $\alpha_b$，分析了掺杂浓度对冷却参数的影响。随着 $Yb^{3+}$ 掺杂浓度增加，荧光再吸收和因禁效应增强，平均荧光波长发生红移且外部量子效率降低，共振吸收系数随掺杂浓度呈线性增加，背景吸收系数与掺杂浓度无关。此外针对系列掺杂浓度 $Yb^{3+}$：YAG 晶体开展了激光冷却实验，发现 3% $Yb^{3+}$：YAG 晶体和 5％ $Yb^{3+}$：YAG 晶体具有明显优于其他掺杂浓度 $Yb^{3+}$：YAG 晶体的激光冷却性能，其中 3％ $Yb^{3+}$：YAG 晶体最大温降接近 80K，这是目前 YAG 晶体激光冷却温度的最低纪录。最后对 $Yb^{3+}$ 离子掺杂浓度同为 7.5％的 YLF 晶体和 YAG 晶体的光谱特性和激光冷却性能进行了全面的表征和比较。实验研究表明，$Yb^{3+}$：YLF 晶体比 $Yb^{3+}$：YAG 晶体更适合用于光学低温器。然而对于 RBLs 的应用，目前研究主要集中在通过 E3 →E5 跃迁泵浦的 $Yb^{3+}$：YAG 晶体上。而实验中 7.5％ $Yb^{3+}$：YAG 晶体在波长 1030nm 的激光泵浦时表现出加热效应，经过小信号增益谱计算，符合 RBL 条件的泵浦光波长为 1033～1038nm。选取 1035nm 和 1060nm 作为泵浦和输出激光波长，计算得到光-光转换效率仅为 3％，因此块状 $Yb^{3+}$：YAG 晶体作为增益介质的 RBLs 时，$Yb^{3+}$ 掺杂浓度应小于 7.5％。

第 5 章

# 掺镱氟化钇锂晶体与掺镱氟化镥锂晶体的激光冷却的实验

# 5.1
## 概述

尽管 $Yb^{3+}$：YLF 晶体已被冷却至 87K 的低温，但由于其只能通过提拉法生长，在晶体生长过程中纯度的提升受到限制。相比之下，$Yb^{3+}$：LLF 晶体具有熔融一致的特性，因此可以采用下降法生长。与开放式的提拉法相比，封闭式的下降法更有利于提高晶体生长过程中的纯度[180]。此外，$Yb^{3+}$：LLF 晶体的声子态密度的最低峰位能级比 $Yb^{3+}$：YLF 晶体的声子态密度的最低峰位更低（LLF 为 $58cm^{-1}$，而 YLF 为 $73cm^{-1}$）[181]。因此，$Yb^{3+}$：LLF 晶体的制冷潜力甚至可能超过 $Yb^{3+}$：YLF 晶体。

自从 2014 年，印建平课题组首次在大气环境中实现 $Yb^{3+}$：LLF 晶体的激光净制冷以来，我们取得了一系列重要的进展[19,28,182]。本章将详细介绍 $Yb^{3+}$：LLF 晶体的光谱特性和物理特性，并将其与 $Yb^{3+}$：YLF 晶体进行比较。我们采取了严格的热负载管理措施，显著降低了环境中的黑体辐射热负载。通过使用高功率 1020nm 激光（约 80W）泵浦高纯度 $Yb^{3+}$：LLF 晶体，成功实现了 $(121\pm1)$K 的制冷温度。根据修正后的冷却效率模型绘制的冷却窗口显示，最低可实现温度低至绝对温度 59K。这一成果标志着激光冷却 $Yb^{3+}$：LLF 晶体正式进入了低温学领域。LLF 晶体成为继 YLF 晶体之后第二种激光冷却温度低于低温学温度 123K 的材料，进一步证明 LLF 晶体是光学制冷材料的最佳候选材料之一。

# 5.2
## 掺镱氟化钇锂晶体与氟化镥锂晶体性质对比

LLF 和 YLF 晶体同属四方晶系，空间群 $I4_1/a$。如图 5.1(a) 和 (b) 给出了 LLF 晶体和 YLF 晶体的单胞结构，单胞内含四个分子。对于掺杂稀土离子的 LLF 晶体，稀土离子取代点对称 S4，配位数为 8 位

置处的 $Lu^{3+}$。四方晶系的晶体是光学单轴的，光轴与晶轴对应（$z /\!/ c$，$x /\!/ a$，$y /\!/ a$），沿 $c$ 轴传播的光不发生双折射。

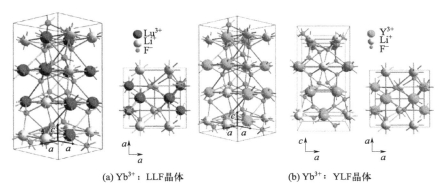

(a) $Yb^{3+}$：LLF晶体　　　　　　(b) $Yb^{3+}$：YLF晶体

图 5.1　$Yb^{3+}$：LLF（a）和 $Yb^{3+}$：YLF（b）单胞示意图[35]

LLF 和 YLF 晶体结构相同，具有相似的物理与光学性质。然而，某些性质上也存在差异。表 5.1 给出了 YLF 和 LLF 主要的物理与光学性质。

**表 5.1　YLF 和 LLF 主要的物理与光学性质[35]**

| 性质 | YLF | LLF |
|---|---|---|
| 晶格结构 | 四方 | 四方 |
| 空间对称群 | $I_41/a$ | $I_41/a$ |
| 晶格常数/Å | $a=5.197$ $c=10.735$ | $a=5.130$ $c=10.550$ |
| 透明窗口/$\mu m$ | 0.12~8 | 0.13~7 |
| 声子截止能量/$cm^{-1}$ | ~460 | <430 |
| 折射率（@633nm） | 1.476($E/\!/c$) 1.454($E\perp c$) | 1.468($E/\!/c$) 1.494($E\perp c$) |
| 密度/（g/cm³） | 3.99 | 6.15 |
| 硬度/Mohs | 4.5 | 3.5 |
| 热导率（@300K）/（W/mK） | 7.2($E/\!/c$) 5.3($E\perp c$) | 6.3($E/\!/c$) 5.0($E\perp c$) |
| 热膨胀系数/（$10^{-6}K^{-1}$） | 10.05($E/\!/c$) 14.31($E\perp c$) | 10.8($E/\!/c$) 13.6($E\perp c$) |
| 比热容/[J/（g·K）] | 0.79 | — |

与熔融性不一致的 YLF 不同，LLF 表现出一致的熔融性，这使得

LLF 晶体生长更易获得高光学质量的样品[180]。此外，Lu 的质量大于 Y，导致 LLF 晶体相对于 YLF 的声子截止能量更低。当掺杂 $Yb^{3+}$ 时，由于 $Lu^{3+}$（0.861Å）的离子半径比 $Y^{3+}$（0.900Å）小，$Yb^{3+}$ 与 $Lu^{3+}$ 离子配合更紧密，晶场更强，斯塔克能级分裂的间隙更大[183]。对光学冷却过程而言，较大的基态斯塔克能级间隙在较高的温度范围是有利的，可以使热量得到较大的释放，但在低温下则会造成不利的结果，比如在某一温度 $T$ 以下，热能 $k_B T$ 小于基态斯塔克能级间隙后会阻碍冷却过程。虽然纯的 LLF 热导率低于 YLF，但由于 $Yb^{3+}$ 和 $Lu^{3+}$ 在质量和半径上更接近，所以 LLF 的热导率几乎不受 $Yb^{3+}$ 掺杂浓度的影响，而 YLF 的热导率随着 $Yb^{3+}$ 掺杂浓度的升高显著降低。此外，LLF 晶体沿各晶轴的热胀系数和导热系数差异较小[184]。

# 5.3
## 荧光管理

在固体材料激光冷却过程中，样品在被激光照射后发射的荧光的平均能量大于吸收的激光能量。以 5% $Yb^{3+}$：LLF 晶体为例，发射荧光的波长范围在 920～1080nm 之间，其在室温下的平均荧光波长为 998.45nm。以平均荧光波长为界，将荧光谱划分为两部分：920～998.45nm 和 998.45～1080nm。理论上，任何波长大于 998.45nm 的激光泵浦晶体均可产生制冷，而真正起到冷却作用的是 920～998.45nm 这个波段的荧光，因为短波段的荧光携带更高的能量。实际情况中，由于荧光囚禁与再吸收，背景吸收等产热过程，并不是所有波长大于 998.45nm 的激光均可制冷，对于 $Yb^{3+}$：LLF 晶体最佳的激光冷却波长是 1020nm。理想情况下的冷却效率为 $\eta_c^{id} = \frac{\lambda}{\lambda_f} - 1 = \frac{1020}{998.45} - 1 = 2.16\%$。

来自 Semrock 的一种二向色滤光片对 920～1002nm 波段的光具有平均 94.38% 的透过率，而对 1002～1010nm 波段的光的透过率迅速降低，至 1010nm 以后透射率几乎为零，图 5.2(a) 给出了该款二向色滤光片不同波长下的透过率参数[185]。该二向色滤光片可以轻松透过 $Yb^{3+}$：LLF 晶体短波段 920～1002nm 的荧光，而完全反射 1010～

1080nm 长波段的荧光，被反射的长波段荧光可以被晶体重新吸收，从而产生额外的冷却，提高冷却效率。低温恒温器设定温度 300K，914nm 激光泵浦 $Yb^{3+}$：LLF 晶体，分别收集光纤和晶体之间空气和二向色滤光片下的荧光谱，对两组荧光信号进行归一化处理，结果如图 5.2(b) 所示。利用两组光谱分别计算平均荧光波长。由于二向色滤光片对 1010nm 以后的荧光截止，使得平均荧光波长减小约 18nm，意味着理想情况下的冷却效率增大 1.85 倍。

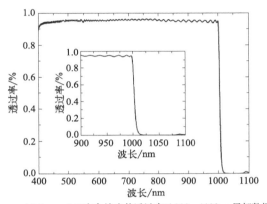

(a) Semrock二向色滤光片透过率及900～1100nm局部数据

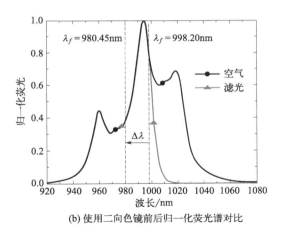

(b) 使用二向色镜前后归一化荧光谱对比

图 5.2　二向色滤光片数据及归一化荧光谱对比

为验证二向色滤光片能否降低晶体激光冷却的温度而设计了两套屏蔽腔结构。图 5.3（a）所示的 1 号腔面向晶体的四周覆盖黑色涂层，图 5.3（b）所示的 2 号腔左、右、上壁设计放置二向色滤光片的沉孔，分别利用两套屏蔽腔对同一块 5‰ $Yb^{3+}$：LLF 晶体执行功率缩放的激光冷却实验。实验结果如图 5.3(c) 所示，泵浦功率超过 5W 后，位于 2号腔晶体的温度均比 1号腔晶体制冷温度高约 16K，二向色滤光片的使用并没有改善晶体的激光冷却结果，反而起了反作用。

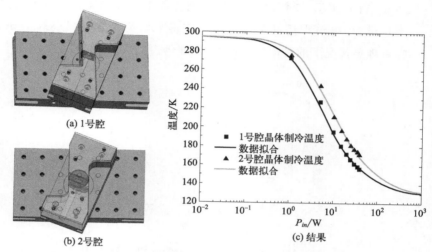

(a) 1号腔

(b) 2号腔

(c) 结果

图 5.3　两种不同的屏蔽腔以及同一块晶体在两个腔内的制冷结果

造成这一实验结果最主要的原因是：二向色滤光片的发射率比黑色涂层的发射率大很多，导致 2号腔作用在晶体上的黑体辐射增大。虽然 2号腔将 1010～1080nm 长波段的荧光反射向晶体，但杂散的荧光只有很少一部分能够被晶体吸收，被困在腔内的荧光导致二向色滤光片以及腔壁温度升高，进一步增加了黑体辐射功率。

# 5.4
## 非共振腔增强吸收

固体材料激光冷却过程中，选择合适波长的激光泵浦稀土离子使基态上能级的电子跃迁到激发态下能级，如 $Yb^{3+}$ 中 $E4 \rightarrow E5$ 跃迁。基态和激发态各能级中电子布居数遵循玻尔兹曼分布，随着晶体的冷却，基态上能级电子布居数减小，导致 $Yb^{3+}$ 对符合 $E4 \rightarrow E5$ 跃迁的共振吸收急剧减小。当共振吸收系数减小到与背景吸收系数相同量级后，泵浦激光对晶体的作用效果将由冷却转变为加热。因此,如何提高晶体对制冷激光的共振吸收是能否触及最低制冷温度的关键手段。可实现的途径是增加激光在晶体内部的往返次数,实验上有两种增强吸收的方案:共振腔和非共振腔。共振腔增强吸收的方案已在《掺 $Yb^{3+}$ 氟化物晶体激光冷却理论与实验研究》论文中进行了详细阐述。样品在共振腔中可能导致泵浦饱和效应[186],而像散的非共振腔可避免泵浦光的重叠和可能的饱和,并且共振腔带宽太大。对光纤激光器而言,我们采用一种非共振 Herriott 腔方案增强吸收的方案。激光在该非共振腔内形成矩形的反射区,与晶体的入射截面相匹配,为泵浦激光提供多通道通过晶体,最大限度地利用掺杂在晶体中不同部位的稀土离子。

## 5.4.1　光束位置分析

采用非共振腔,让激光在两个腔镜之间多次往返,晶体置于腔内从而增加激光通过晶体的次数。Melgaard 论文[144]中介绍了一种非共振腔结构,该非共振腔由包含六个不同尺寸小孔的平面高反镜 $M_1$ 和球面高反镜 $M_2$($R=150mm$)组成,反射率均大于 $99.9\%$。$M_1$ 上小孔的直径介于 $0.3\sim1mm$ 之间,中心到镜面中心的径向距离相等,通过旋转镜片与入射激光光斑匹配到最佳的小孔。激光在这种非共振腔中的反射点图案是一个环形,在不放置晶体的情况下,反射点约有 30 个,环形直径约为 3mm,大于晶体截面尺寸 3mm×1mm。当通过调节保证反射点组成的环形区域小于晶体截面时,反射点将不超过 10 个,该非共振腔镜激光反射点组成的环形结构,晶体中掺杂离子的利用率不高。

Herriott 腔最初由 Herriott 和 Schulte[187] 提出并分析,后经 McManus 等人[188] 进一步发展,在长程光谱学中得到了广泛应用。图 5.4 给出了一种典型的非共振 Herriott 腔结构示意图。高反射镜 $M_1$ 和 $M_2$ 都有曲率半径分别为 $R1_{x,y}$ 和 $R2_{x,y}$ 的凹面,$D$ 是两腔镜间距,$L_c$ 是晶体的实际长度,$W_{x,y}$ 是晶体的横向截面尺寸。激光通过 $M_1$ 中心小孔斜入射到晶体内,在 $M_1$ 和 $M_2$ 之间进行多次折返,最终又从 $M_1$ 小孔射出。$\Phi_{x,y}$ 表示光束在 $x/z$ 和 $y/z$ 平面上的角度。激光偏振方向与晶体 $c$ 轴平行,以最大限度地提高吸收。

激光在腔内折返可以用 Herriott 等人提出的方程近似描述。激光中心点在每个镜子上的位置满足正弦方程。整数 $m$ 表示激光在两个镜子之

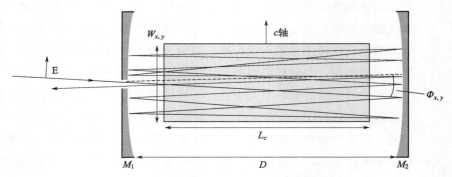

图 5.4 非共振 Herriott 腔结构示意图

间的反射次数，就像光斑图案在一个平面上的组合。根据 ABCD 矩阵光线传播定律，第 $m$ 个激光点的 $x$-$y$ 坐标为[46]：

$$x_m = x_{\max}\sin(m\theta_x) \tag{5.1a}$$

$$y_m = y_{\max}\sin(m\theta_y) \tag{5.1b}$$

式中 $x_{\max}$ 和 $y_{\max}$ 是整个激光反射点图案的大小，$\theta_j = \arcsin[2\sqrt{g1_j g2_j(1-g1_j g2_j)}]$，其中 $j=x$，$y$；$g1_j=[1-L/R1_j]$；$g2_j=[1-L/R2_j]$。$R1_j$ 和 $R2_j$ 分别表示两个镜子在 $x$ 和 $y$ 方向上的曲率。定义有效长度 $L=D+(1-n)L_c/n$，$D$ 是两个反射镜的间距，$n=(2n_o+n_e)/3$ 表示晶体的平均折射率。控制激光进入小孔的角度 $\Phi_{x,y}$ 确保 $x_{\max}$ 和 $y_{\max}$ 小于 $W$，其中：

$$\Phi_x = \frac{x_{\max}}{L} = \frac{\sqrt{g1_x g2_x(1-g1_x g2_x)}}{g2_x} \tag{5.2a}$$

$$\Phi_y = \frac{y_{\max}}{L} = \frac{\sqrt{g1_y g2_y(1-g1_y g2_y)}}{g2_y} \tag{5.2b}$$

实际情况下，$x_{\max}=y_{\max}=\dfrac{W}{2}$，且 $D$ 远小于 $R$，所以 $\Phi_{x,y}$ 可近似为：

$$\Phi_{x,y} \approx \frac{W}{2\sqrt{L\left(\dfrac{1}{R1_{x,y}}+\dfrac{1}{R2_{x,y}}\right)^{-1}}} \tag{5.3}$$

Herriott 腔镜参数如下：①$M_1$ 为平凹球面反射镜，曲率 $R1_x=500$mm，$R1_y=500$mm，中心小孔直径 0.5mm；②$M_2$ 为平凹柱面反射镜，曲率 $R2_x=\infty$，$R2_y=500$mm。两腔镜直径 25.4mm，厚度 3mm，

凹面镀 1020±10nm，0° 入射高反膜，反射率大于 99.9%。用于激光冷却的 $Yb^{3+}$：LLF 晶体加工尺寸为 4mm×4mm×10mm，因此 $x_{max} = y_{max} = 4mm$，$L_c = 10mm$。根据实际参数和式（5.1）计算激光在两个腔镜之间的折返模式。假设 $D = 25mm$，如图 5.5(a) 所示，绘制激光经过多次折返后在 $M_1$ 上的位置点图。虚线圆圈表示直径 0.5mm 小孔，圈内的两个点分别是激光入射点和出射点，圆点表示激光反射点，虚线表示激光的反射序列。定义 $r = \sqrt{x_m^2 + y_m^2}$，表示各反射点与小孔中心的距离。根据图 5.5(a) 数据，计算各反射点与小孔中心的距离，结果如图 5.5(b) 所示，激光经过 366 次折返后进入小孔范围，反射终止。为了研究腔长 $D$ 对反射次数的影响，使腔长从 15～60mm 之间以 1mm 间距递增，获得腔长 $D$ 与最大反射次数 $N_{Rmax}$ 之间的关系，结果如图 5.5(c) 所示，腔长 $D = 25mm$ 折返次数最多，从中也可以看到腔长的微弱的变化对激光反射模式具有很大的影响。假设 $W = 4mm$，根据式（5.3）计算得 $\Phi_x = 1.1°$，$\Phi_y = 1.55°$。

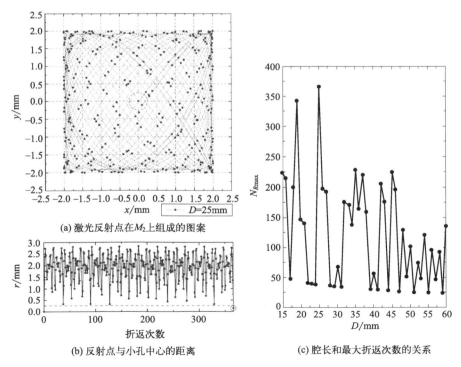

(a) 激光反射点在 $M_2$ 上组成的图案

(b) 反射点与小孔中心的距离

(c) 腔长和最大折返次数的关系

图 5.5　激光腔内折返计算过程

### 5.4.2　光学仿真模拟

　　ABCD 矩阵计算的激光在 Herriott 腔镜之间的反射情况是将激光视为光线，以几何光学的形式计算反射点的分布情况。为了更加切合实际，更多地考虑入射激光的一些特性，比如入射角度、光斑大小、发散角和功率等。如图 5.6(a) 所示为利用光线追迹软件模拟的非共振腔方案。利用 CAD 建立球面和柱面反射镜模型，1 为球面反射镜曲率半径 $R=500\mathrm{mm}$，中心小孔直径 0.5mm。2 为柱面反射镜 $R_x=\infty$，$R_y=500\mathrm{mm}$。腔镜凹面设置 99.5% 高反射膜层。3 为探测器，可以收集从腔镜 2 反射面泄漏的激光。模拟中可以改变两个腔镜之间的距离和激光入

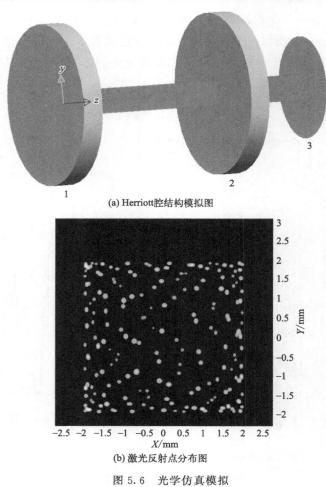

(a) Herriott腔结构模拟图

(b) 激光反射点分布图

图 5.6　光学仿真模拟

射角度。如图 5.6(b) 所示的激光反射点分布图是在两腔镜间距 25mm，激光入射角度为 (1.30°,1.00°) 条件下得到的，此时反射点组成一个大约 4mm×4mm 的区域。当增加腔长，在保证反射区域尺寸 4mm×4mm 的前提下，激光入射角度逐渐变小，比如 $D=30$mm 时，激光入射角度为 (1.28°,0.93°)。模拟结果显示，激光光斑的直径要小于 0.2mm。模拟所得参数对实际非共振光路调节具有指导意义。

# 5.5
## 热负载管理

激光冷却过程中反斯托克斯荧光冷却与环境热负载加热同时作用在晶体上，当冷却功率和热负载功率相等后晶体温度达到稳态，因此最小化热负载有利于晶体激光冷却获得更低的制冷温度。如 2.5 节所述，激光冷却过程中作用在晶体上的外部热负载有三个来源：空气对流、接触传导和黑体辐射。当样品置于真空腔内，并通过干式涡旋真空泵和分子泵机组将真空腔维持在一个高真空状态，全量程皮拉尼反磁控真空计测量真空度高达 $10^{-5}$Pa，此时基本可以消除空气对流热负载。

为了解决接触传导和黑体辐射热负载的问题，专门设计了一个屏蔽腔，材质选择热导率高的紫铜。使用三维绘图软件按实际尺寸绘制实体模型，并进行可视化装配，使得可以在加工之前预判现实可能遇到的问题。以下是设计过程中考虑到的问题：①以绝对最小的接触面积稳定支撑易碎的样品，减少传导热负载；②周围腔壁与晶体表面尽可能接近，并在腔壁上覆盖特殊的涂层材料；③设计冷却液循环管路，各部件之间接触要密切，保证良好的散热；④留有安装镜架的空间，用于搭建非共振腔；⑤晶体一侧腔壁开孔，尺寸与海洋光学光纤头匹配，用于收集荧光进行 DLT 测温；⑥各部件之间的紧固均采用通孔排气不锈钢螺丝。根据设计加工了屏蔽腔，最为关键的部件是晶体周围紧密配合的"蛤壳"结构，"蛤壳"腔壁距离晶体表面约 3mm，理论上二者距离越近越好。因此，上述屏蔽腔仍可继续优化，这种紧密配合结构是通过增加公式(2.17)中的 $\chi$ 来降低黑体辐射热负载。

每个面向晶体的"蛤壳"内壁覆盖一层太阳能选择性涂层。这种特殊涂层在短波段（约 1μm）具有高吸收率，而在长波段（＞10μm）具有低发射率。Acktar 公司出产一种带有黏合背衬的纳米黑色涂层，可以直接粘贴在器件表面，并且与真空兼容，放气率几乎为零。ALMECO 生产的 TiNO$_x$ 蓝膜也是一个很好的选择，但目前对国内禁售无法获得，其在短波处的吸收率高达 95%，长波处的发射率低至 4%。图 5.7 为 Acktar 纳米黑色涂层（a）和 TiNO$_x$ 蓝膜（b）的反射率特性。研究表明特殊涂层的使用可以有效减小黑体辐射，同时几乎全部吸收荧光产生的热量。

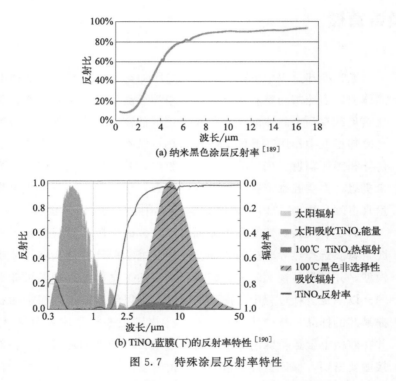

(a) 纳米黑色涂层反射率[189]

(b) TiNO$_x$蓝膜(下)的反射率特性[190]

图 5.7　特殊涂层反射率特性

"蛤壳"设计结构不仅能减少黑体辐射，同时还提供了一种安装晶体的方法，将传导热负载降到最低。冷却循环液将荧光对"蛤壳"的加热量带走，各部件间保证良好的热接触。为了最大限度地降低传导热负载，应尽量减小晶体与支撑物之间的接触面积，同时保证晶体可以稳定安全放置。一个 U 型样品支架，两侧开槽用于平行放置两根光纤，开槽的设计也便于光纤的黏结，因为是真空环境，所以黏结剂一般采用的是真空环氧树脂 Torr Seal。

由式（2.17）可知，通过最小化参数，可以清楚地知道在实验中采取什么措施来减少每个热负载。空气对流热负载表示为 $P_{conv} = A_s \kappa_h (T_c - T)$，式中 $A_s$ 表示样品表面积，$\kappa_h$ 是与气压相关的对流热传导系数。对流热负载系数与气压的关系为[144]：

$$\frac{\tilde{\kappa}_h}{\kappa_h} = \frac{1}{1 + \dfrac{CT}{Pd}} \tag{5.4}$$

式中 $\tilde{\kappa}_h$ 是低气压 $P$ 下的对流热传导系数；$\kappa_h$ 是标准大气压下的对流热传导系数；$T$ 是样品温度；$d$ 是样品表面距腔壁的距离；$C = 7.6 \times 10^{-5} \, \text{N} \cdot \text{m}^{-1} \cdot \text{K}^{-1}$，可近似为常数[144]。在 $d = 3\text{mm}$ 的"蛤壳"中，300K 时气压从标准大气压降到 $10^{-5}\text{Pa}$，$\tilde{\kappa}_h / \kappa_h$ 从 1 降到 $1.32 \times 10^{-6}$，100K 时 $\tilde{\kappa}_h / \kappa_h$ 约为 $3.95 \times 10^{-6}$。300K 时标准大气压下的对流热传导系数介于 $5 \sim 25 \, \text{W} \cdot \text{m}^{-2} \cdot \text{K}^{-1}$ 之间，当气压降至 $10^{-5}\text{Pa}$，对于尺寸为 $4\text{mm} \times 4\text{mm} \times 10\text{mm}$ 的样品，$A_s \tilde{\kappa}_h = 1.27 \times 10^{-9} \, \text{W} \cdot \text{K}^{-1} \sim 6.34 \times 10^{-9} \, \text{W} \cdot \text{K}^{-1}$。

接触传导热负载表示为 $P_{cond} = \dfrac{N \kappa_L (T) A_L}{d_L} (T_c - T)$，通过最大限度地减少样品与腔体的接触来降低传导热负载。晶体通过两根涂覆层为聚酰亚胺直径 $155\mu\text{m}$ 的光纤支撑，光纤的热导率 $\kappa_L < 0.5 \, \text{W} \cdot \text{m}^{-1} \cdot \text{K}^{-1}$。样品与光纤近似相切接触，假设二者的横向接触长度约占光纤总长的 1/100，$A_L = 1.95 \times 10^{-8} \, \text{m}^2$。接触长度 $d_L = 4\text{mm}$，$\dfrac{N \kappa_L (T) A_L}{d_L} < 4.9 \times 10^{-6} \, \text{W} \cdot \text{K}^{-1}$。显然，从这些估算中可以忽略前面的对流热负载。另外，相比于光纤，二氧化硅气凝胶是一种性能更加优良的样品支撑材料，其疏松多孔的网状结构有利于荧光透过，在可见光和近红外光谱范围内具有较低的光学吸收，密度仅 $0.01 \sim 0.2\text{g/cm}^3$，同时真空中的热导率仅有 $0.004 \, \text{W} \cdot \text{m}^{-1} \cdot \text{K}^{-1}$（300K）和 $0.001 \, \text{W} \cdot \text{m}^{-1} \cdot \text{K}^{-1}$（100K）[191]。虽然气凝胶足够坚固足以支撑冷却样品，但缺点是易碎，因此很难加工成想要的形状。

为了与前两个热负载进行比较，小温降条件下 $T_c - T \leqslant 5\text{K}$，黑体辐射热负载可近似写为：

$$P_{rad} = \frac{4\varepsilon_s A_s \sigma T_c^3}{1 + \chi} (T_c - T) \tag{5.5}$$

式中，晶体发射率 $\varepsilon_s$ 约 0.8，表面积 $A_s = 1.92 \text{cm}^2$。黑色涂层发射率 $\varepsilon_c$ 约 0.05，"蛤壳"内表面积 $A_c$ 约 8.4 cm$^2$，因此 $\chi = (1-\varepsilon_c)\dfrac{\varepsilon_s A_s}{\varepsilon_c A_c}$，约为 3.5。当 $T_c = 300$K 时，因子 $\dfrac{4\varepsilon_s A_s \sigma T_c^3}{1+\chi} \approx 2.1 \times 10^{-4} \text{W} \cdot \text{K}^{-1}$。

通过上述分析，确定了黑体辐射热负载是最主要的 $P_{load}$ 来源。将样品置于高真空环境基本消除了空气对流热负载。尽最大可能减小样品与支撑材料的接触面积，并选用热导率低的支撑材料可以有效降低接触热负载。经计算，室温下，黑体辐射热负载比接触传导热负载大约 40 倍。为了减小黑体辐射热负载，应该使 $\chi$ 最大化，根据 $\chi$ 定义式，将样品封闭在紧密贴合的"蛤壳"腔中，在保证样品与腔壁不接触的情况下，尽量使 $A_s$ 与 $A_c$ 接近，而腔壁的发射率尽可能低，$\varepsilon_c \ll \varepsilon_s$，因此需覆盖一层选择性吸收涂层。利用冷却循环液来降低"蛤壳"温度可以进一步减小黑体辐射热负载。

图 5.8 展示了"蛤壳"腔的 3D 设计图、晶体支撑部分放大图和装配好的实物图。图中非共振腔镜未安装，三个热电偶监控镜架、"蛤壳"壁和水冷板的温度，提供实时的温度测量。通过真空光纤贯通件，可以使用光谱仪监测晶体的荧光，采用差分荧光光谱法测量晶体的温度。

图 5.8　屏蔽腔设计图和安装实物图

# 5.6
## 掺镱氟化镥锂晶体激光冷却突破低温学温度

  LLF 晶体发射的荧光具有两种不同的偏振方向，$E/\!/c$（π）和 $E\perp c$（σ）。为了确定平均荧光波长和共振吸收系数，必须同时测量 π 和 σ 偏振谱。光纤垂直放置在晶体一侧，在晶体和光纤之间增加一块宽带偏振片，通过旋转偏振片可以将样品发射荧光的两种偏振谱分离。当激光泵浦样品靠近光纤一侧时，再吸收效应最弱，泵浦样品远离光纤一侧时，再吸收效应最强，因此为了表征再吸收的平均效应，需确保激光从样品中心穿过。如图 5.9(a) 为 $7.5\%Yb^{3+}$：LLF 晶体 50～300K 间的 π 偏振光谱。图 5.9(b) 所示为使用式(3.10) 从 π 偏振光谱中确定与温度相关的共振吸收光谱。根据公式 $\lambda_f^{\pi,\sigma}(T)=\int\lambda S^{\pi,\sigma}(\lambda,T)\mathrm{d}\lambda\Big/\int S^{\pi,\sigma}(\lambda,T)\mathrm{d}\lambda$，分别计算 π 和 σ 偏振荧光谱所对应的平均荧光波长。然后再计算 $\lambda_f^{\pi}(T)$ 和 $\lambda_f^{\sigma}(T)$ 的加权平均，得到最终的 $\lambda_f(T)$，平均荧光表现出温度的线性依赖关系，拟合结果为 $\lambda_f(T)=(1011.47-0.0043\times T)\mathrm{nm}$，结果如图 5.9(c) 所示。图 5.9(d) 给出了 $7.5\%Yb^{3+}$：LLF 晶体 LITMoS 测试实验结果，冷却窗口为 1004～1074nm，$\eta_{ext}=(0.995\pm0.1)\times100\%$，$\alpha_b=(1.4\pm0.1)\times10^{-4}\mathrm{cm}^{-1}$。

  由冷却窗口可知，$Yb^{3+}$：LLF 晶体的最低冷却温度位于 1020nm

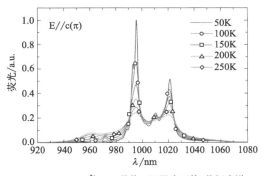

(a) 7.5%Yb³⁺:LLF晶体不同温度下的π偏振光谱

图 5.9

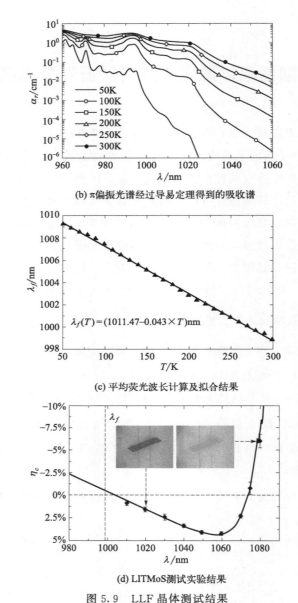

(b) π偏振光谱经过导易定理得到的吸收谱

(c) 平均荧光波长计算及拟合结果

(d) LITMoS测试实验结果

图 5.9　LLF 晶体测试结果

图 (d) 中插图分别显示了样品在 1020nm 和 1080nm 激发下的热图像

处。三价过渡金属离子是引起背景吸收的主要来源，其吸收波段比 $Yb^{3+}$ 共振吸收光谱宽得多，因此经典的冷却效率模型假定 $\alpha_b$ 与温度和波长无关。2019 年，Volpi 等人[147] 通过实验测得 $\alpha_b = Ae^{-387.6/T} \times$

$10^{-4}$ cm$^{-1}$，随温度指数减小的规律，从而对经典的冷却效率模型进行
了修正。图 5.10 给出了两种背景吸收系数下的冷却窗口，当把室温下
LITMoS 测试得到的 $\alpha_b$ 应用到所有温度时，g-MAT 约为 101K。将背景吸
收系数随温度减小的规律考虑在内，$\alpha_b(T) = 5.1\mathrm{e}^{-387.6/T} \times 10^{-4}$ cm$^{-1}$，
g-MAT 将低至 59K。上述结果表明，Yb$^{3+}$：LLF 晶体是一种激光冷却性
能极佳的材料，具有突破液氮温度的潜力。

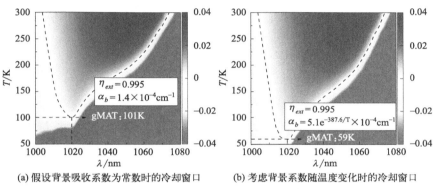

(a) 假设背景吸收系数为常数时的冷却窗口　(b) 考虑背景系数随温度变化时的冷却窗口

图 5.10　两种背景吸收系数下的冷却窗口

　　固体材料的激光冷却温度想要突破低温学温度甚至液氮温度，首先
冷却样品本身必须有很高的纯度，这样它的 MAT 才足够小。其次随着
温度的降低，共振吸收系数明显下降，所以必须增加晶体内部的激光往
返次数以提高吸收率。最后应尽量减少样品上的热负荷。激光冷却实验
装置示意图如图 5.11 所示，晶体沿 E∥c 方向切割成布儒斯特角，六个
表面进行光学抛光以利于荧光逃逸。输出功率高达 80W 的 1020nm 的高
功率可调谐光纤激光器，为激光冷却提供足够的泵浦功率。此外，在激
光通过晶体后放置了一个平面高反射镜，使激光再次通过晶体，进一步
提高了样品的吸收功率。反射的激光被光挡截止，防止激光对隔离器或
激光器造成损害。晶体由两根直径为 $155\mu m$ 涂覆层为聚酰亚胺的光纤
支撑，置于内表面覆盖特殊涂层的"蛤壳"腔内。冷却循环水消除一些
由荧光传给"蛤壳"的热量。光纤穿过"蛤壳"侧面的通孔，收集晶体
发出的荧光信号，用于差分荧光光谱测量晶体温度。分子泵机组可以将
真空腔维持在约 $1 \times 10^{-4}$ Pa 的真空环境，当晶体温度降低至 150K 后，
真空腔内残存的水蒸气仍然会冷凝在晶体表面，这会进一步增加热负载

且不利于荧光逃逸。因此我们在真空腔盖板上增加了一个液氮冷凝器，在进行激光冷却实验之前，通过罐装液氮，将真空腔内的水蒸气预先冷凝，此时真空腔的真空度将下降一个数量级。

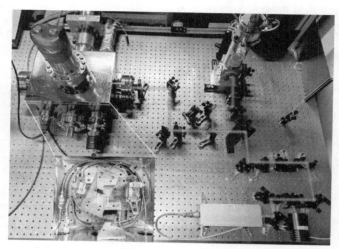

图 5.11　实验装置
插图显示了真空腔内部结构

在激光照射下，样品温度逐渐降低，当冷却功率 $P_{cool}$ 等于样品上的负载功率 $P_{load}$ 后，样品温度不再变化，温降过程不超过 20min。晶体的平衡温度为[16]：

$$\eta_c P_{in}(1-\mathrm{e}^{-2\alpha_r(T)L})=\frac{\varepsilon_s A_s \sigma}{1+\chi}(T_c^4-T^4) \qquad (5.6)$$

图 5.12（a）所示为在 80W 泵浦激光（1020nm）照射下，7.5% $Yb^{3+}$：$LuLiF_4$ 晶体的温度随时间的变化情况。大约 20min 后，样品被激光冷却到 121.0K 的最终稳态温度。根据 $P_{abs}=P_{in}[1-\exp(-2\alpha_r L)]$ 公式，估计吸收泵功率约为 7.3W。"蛤壳"温度由 253.8K 升高到 265.6K，这是由样品发射的反斯托克斯荧光被"蛤壳"吸收所致。晶体样品达到稳态平衡后，与"蛤壳"的温差约为 145.0K。该"蛤壳"作用在晶体上的黑体辐射热负载约为 11.5mW。图 5.12（b）所示为晶体的稳态温度与 1020nm 激光泵浦功率的关系，黑色实心点表示实验结果。可以看出，样品的最终温度随着泵浦功率的增加而降低。吸收跃迁上的光泵浦速率大于辐射弛豫速率后，将导致吸收能级上的电子

布居数显著减少[192]。因此在低温下有必要考虑饱和吸收产生的影响。考虑饱和吸收效应后的共振吸收系数 $\alpha_r'$ 与饱和光强有关，公式为 $\alpha_r'(I) = \alpha_r/(1+I/I_s)^{C}$[150]。式中 $\alpha_r$ 是不饱和共振吸收系数，$C$ 是一个与晶体有关的常数，这里我们假设 $C=1$。$I$ 和 $I_s$ 分别为泵浦激光光强和饱和光强。$\alpha_r'$ 的值随着泵浦激光功率的增加而减小，吸收效率 $\eta_{abs}$ 和冷却效率 $\eta_c$ 也随之减小。这种效应可以在数学上等效为背景吸收系数 $\alpha_b'$ 变大，即 $\alpha_b' = \alpha_b(1+I/I_s)$。考虑到饱和吸收效应，式（2.12）中的吸收效率项可以修正为 $\eta_{abs} = [1+\alpha_b'/\alpha_r]^{-1}$[141]。利用图（5.9）所示冷却参数和式（5.6）可以从理论上计算稳态温度与泵浦激光功率的关系，如图 5.12(b) 中的未加点线所示。理论模型预测，随着泵浦激光功率的增加，稳态温度先降低后升高。转折点处的泵功率约为 136W，当泵浦功率大于 136W 时，稳态温度的升高主要是源于饱和吸收效应。

当入射激光功率超过 10W 后，拟合线与实验数据出现偏差。这种偏差主要是由水分子在样品表面凝结形成冰膜所致。由 Arden-Buck 方程[193] 可知，在 150K 左右的温度下，水饱和蒸汽压约为 $10^{-5}$Pa。冰膜的存在使晶体的外量子效率 $\eta_{ext}$ 降低，修正稳态温度与泵浦激光功率之间的关系，并绘制为图 5.12(b) 中的加点线。可以看出，修正后的理论预测与实验数据吻合得很好。图 5.12(b) 中的闭合区域是水分凝结效应对样品最终稳态温度起重要作用的区域。

实际上，冷却效率取决于实际吸收了多少泵浦激光功率。利用实验获得的冷却参数，并考虑上述饱和吸收效应，我们计算了稳态温度与泵浦激光器吸收功率的关系，结果如图 1.12(c) 所示。在目前的实验中，

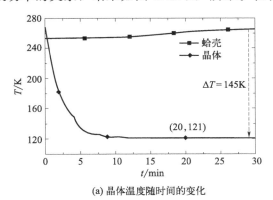

(a) 晶体温度随时间的变化

图 5.12

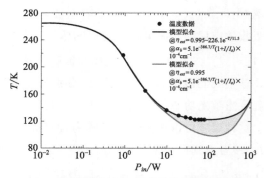

(b) 不同泵浦激光功率下晶体的稳态温度，用式(5.6)
进行理论拟合，$I_s = 30\text{kW/cm}^2$

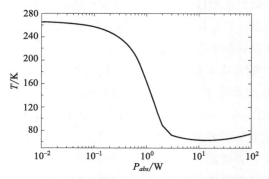

(c) 利用式(5.6)理论计算得到的冷却温度与考虑饱
和吸收效应的吸收泵浦激光功率的关系，预计最低温度为63.5K

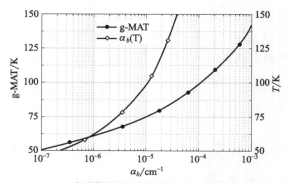

(d) 有效背景吸收系数对样品温度和理论
模型预测的样品g-MAT的依赖关系

图 5.12　1020nm 激光冷却 7.5％Yb$^{3+}$：LuLiF$_4$ 晶体的实验结果

样品被激光冷却到 121.0K 的稳态温度，净吸收功率只有 7.3W。如果
吸收功率可以增加到 10W，我们研究的样品可以被激光冷却到 g-MAT

的 63.5K。目前双次泵浦激光的吸收效率只有 9% 左右。利用非谐振腔增强吸收可以大大提高该值，例如，Herriott 腔可以使光通过样品数百次，从而将泵浦激光功率的吸收效率提高到 90%，并避免了过高的激光功率造成的饱和效应。

根据 Volpi 等人的研究[147]，背景吸收系数 $\alpha_b(T)$ 随样品温度以玻尔兹曼型函数的形式减小，$\alpha_b(T) = 5.1\mathrm{e}^{-387.6/T} \times 10^{-4}$ cm$^{-1}$，如图 5.12(d) 中的 ━● 线所示。7.5% Yb$^{3+}$：LuLiF$_4$ 晶体的 g-MAT 依赖于背景吸收系数 $\alpha_b(T)$ 由 ━● 线给出。当样品冷却时，背景吸收系数 $\alpha_b(T)$ 减小，相应的 g-MAT 也减小。当样品温度达到 g-MAT 时，净冷却停止，达到稳态。在本次实验中，考虑饱和吸收效应，我们样品的最终 g-MAT 为 63.5K。

DLT 测温的本质在于材料发射荧光谱的温度依赖性。在获得温度定标曲线的过程中，我们利用低温恒温器在 115～130K 温度范围内，以 1K 的温度间隔采集 7.5% Yb$^{3+}$：LLF 晶体的荧光谱，称之为定标谱。定标谱是晶体在低温恒温器精确控温条件下获得的。80W 的激光两次通过 7.5% Yb$^{3+}$：LLF 晶体最终获得 $(121\pm1)$K 的制冷温度，当晶体温度处于动态平衡阶段后保存荧光谱，称之为制冷谱。图 5.13(a) 给出了温度接近的制冷谱和定标谱，80W 激光照射 7.5% Yb$^{3+}$：LLF 晶体，在制冷谱中的 1020nm 处产生一个较强的激光散射峰。我们选择 975～995nm 作为 DLT 差分的波段，图 5.13(b) 是差分波段光谱归一化的对比，经计算二者 $S_{\mathrm{DLT}}$ 仅为 0.0023，表明制冷谱与定标谱高度重合，从而证明了 $(121\pm1)$K 制冷温度的准确性。

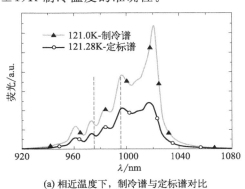

(a) 相近温度下，制冷谱与定标谱对比

图 5.13

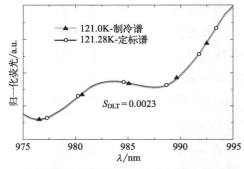

(b) DLT差分范围内制冷谱与定标谱归一化对比

图 5.13　制冷谱与定标谱对比

# 5.7

# 本章小结

本章研究 $Yb^{3+}$：LLF 晶体的激光冷却。利用特殊的二向色滤光片将长波段荧光反射向晶体，理论上晶体吸收荧光有助于提高冷却效率，但实验结果适得其反，分析原因认为是由滤光片发射率较高导致。另外本章给出了一种非共振腔增强吸收的方案，对该方案进行了数值计算和光学仿真模拟。分析作用在样品上的热负载来源，讨论各种热负载所占比重，研究热负载管理技术。经过分析计算，300K 时标准大气压下的对流热传导系数介于 $5\sim25\mathrm{W}\cdot\mathrm{m}^{-2}\cdot\mathrm{K}^{-1}$，当气压降至 $10^{-5}\mathrm{Pa}$，对于尺寸为 $4\mathrm{mm}\times4\mathrm{mm}\times10\mathrm{mm}$ 的样品，$A_s\tilde{\kappa}_h$ 取值为 $1.27\times10^{-9}\sim6.34\times10^{-9}\mathrm{W}\cdot\mathrm{K}^{-1}$ 之间。支撑光纤的接触热导 $N\kappa_L(T)A_L/d_L<4.9\times10^{-6}\mathrm{W}\cdot\mathrm{K}^{-1}$，因此最主要的热负载来自黑体辐射，$4\epsilon_s A_s\sigma T_c^3/(1+\chi)\approx2.1\times10^{-4}\mathrm{W}\cdot\mathrm{K}^{-1}$。大功率激光泵浦晶体时，发射的荧光使"蛤壳"温度升高，会导致黑体辐射增强，冷却循环液对"蛤壳"进行散热，及时带走荧光产生的热量。利用 LITMoS 测量晶体的冷却特性参数，筛选出高质量的 $7.5\%Yb^{3+}$：LLF 晶体样品进行激光冷却实验研究。大小为 $2\mathrm{mm}\times2\mathrm{mm}\times10\mathrm{mm}$ 的 $7.5\%Yb^{3+}$：LLF 晶体在 1020nm，最大功率 80W 的激光泵浦下，仅仅 20min 后就从 268K 降至 $(121\pm1)$K，$Yb^{3+}$：LLF 晶体首次激光冷却温度突破低温学温度 123K。

# 附 录

# 附录 A
## Precilasers 可调谐光纤激光器性能参数

| 参数 | 规格 | 测试结果 | 单位 |
|---|---|---|---|
| 调谐范围 | 1018～1080 | 1018～1080 | nm |
| 工作方式 | 连续 | 连续 | — |
| 激光输出功率 | ＞80 | ＞80 | W |
| 激光输出光斑 | 1～2 | 1.70@20cm | mm |
| 光束质量 | $M^2<1.2$ | 1.1 | — |
| 功率调节 | 10～100 | 10～100 | % |
| 功率稳定性(3h) | RSM<1 | 0.10@1050nm；0.13@1018nm | % |
| 制冷方式 | 水冷 | 水冷 | — |

激光输出功率随泵浦电流的变化

| 泵浦电流/A | 1018nm 功率/W | 1040nm 功率/W | 1060nm 功率/W | 1080nm 功率/W |
|---|---|---|---|---|
| 10 | 1.23 | 1.9 | 1.6 | 1.33 |
| 12 | 13.3 | 14.4 | 13.8 | 11.5 |
| 14 | 25.3 | 27.1 | 25.3 | 21.1 |
| 16 | 37.8 | 38.3 | 36.0 | 30.9 |
| 18 | 50.6 | 51.5 | 48.2 | 41.3 |
| 19 | | | | 45.5 |
| 20 | 55.5 | 58.4 | 55.2 | |
| 22 | 62.1 | 63.6 | 61.9 | |
| 24 | 71.1 | 70.2 | 68.7 | |
| 26 | 78.1 | 78.1 | 75.1 | |
| 28 | 85.4 | 86.9 | 77.0 | |
| 29 | 88.4 | 91.0 | 78.5 | |

# 附录 B
## 两款海洋光学光谱仪性能参数比较

　　海洋光学 Maya2000 Pro-NIR 光谱仪和 QE Pro 光谱仪具有不同的光谱探测范围。Maya 光谱仪针对近红外光谱，探测效率和分辨率更高，对于测量用于计算平均荧光波长的光谱应用，采用 Maya 光谱仪。QE 光谱仪探测范围覆盖可见到近红外波段，光谱范围宽，但分辨率较差，在近红外波段的探测效率不如 Maya 光谱仪。但是 QE 光谱仪内置 TE 制冷，光谱探测信号稳定性和信噪比更高，动态范围更大，光谱信号不易饱和。积分时间可长达 60min，更有利于探测弱光。QE 光谱仪可用于 DLT 测温以及 LITMoS 测试中的功率测量。下表给出了两款光谱仪参数的对比[150]。

| 物理参数 | Maya2000 Pro-NIR | QE Pro |
| --- | --- | --- |
| 尺寸/mm | 149×109.3×50.4 | 182×110×47 |
| 质量/kg | 0.96 | 1.15 |
| 探测器 | | |
| 类型 | 薄型背照式,2D | 薄型背照式,2D |
| 探测器 | Hamamatsu S11510(非制冷型) | Hamamatsu S7031-1006(TE 制冷) |
| 量子效率/% | 700nm 时约 85;1000nm 时为 40 | 90(峰值) |
| 分光部分 | | |
| 光谱范围/nm | 780～1180 | 350～1100 |
| 光学分辨率(半峰宽)/nm | 约 0.31(5$\mu$m 狭缝) | 约 1.46(5$\mu$m 狭缝) |
| 全信号信噪比 | 约 450：1 | 约 1000：1 |
| 动态范围 | 15000：1 | 85000：1 |
| 积分时间/s | 0.008～5 | 0.008～3600 |
| 光纤连接器 | SMA 905 和海洋光学光纤 | SMA 905 和海洋光学光纤 |

## 参考文献

[1] CHU S, COHEN-TANNOUDJI C, PHILIPS W. For development of methods to cool and trap atoms with laser light [J]. *Nobel Prize in Physics*, 1997, 26 (2), 10-14.

[2] CORNELL E A, WIEMAN C E. Bose-Einstein condensation in a dilute gas, the first 70 years and some recent experiments [J]. *Rev. Mod. Phys.*, 2002, 74: 875.

[3] BERMAN P R, STENHOLM S. Heating or cooling collisionally aided fluorescence [J]. *Opt. Commun.*, 1978, 24: 155-157.

[4] VOGL U, WEITZ M. Laser cooling by collisional redistribution of radiation [J]. *Nature*, 2009, 461: 70-73.

[5] PRINGSHEIM P. Zwei bemerkungen über den unterschied von lumineszenz-und tempera-turstrahlung [J]. *Zeitschrift für Physik*, 1929, 57: 739-746.

[6] RAMAN C V. A new radiation [J]. *Indian Journal of physics*, 1928, 2: 387-398.

[7] VAVILOV S. Photoluminescence and thermodynamics [J]. *J. Phys. (Moscow)*, 1946, 10: 499-501.

[8] PRINGSHEIM P. Some remarks concerning the difference between luminescence and tem-perature radiation: Anti-Stokes fluorescence [J]. *J. Phys. (USSR)*, 1946, 10: 495.

[9] KASTLER A. Quelques suggestions concernant la production optique et la détection optique d'une inégalité de population des niveaux de quantifigation spatiale des atomes. Application à l'expérience de Stern et Gerlach et à la résonance magnétique [J]. *J. phys. radium*, 1950, 11: 255-265.

[10] YATSIV S. Anti-Stokes fluorescence as a cooling process [J]. *Advances in Quantum Electronics*, 1961, 119, 356-360.

[11] KUSHIDA T, GEUSIC J E. Optical refrigeration in Nd-doped Yttrium aluminum garnet [J]. *Phys. Rev. Lett.*, 1968, 21: 1172-1175.

[12] EPSTEIN R I, BUCHWALD M I, EDWARDS B C. et al. Observation of laser-induced fluorescent cooling of a solid [J]. *Nature*, 1995, 377: 500-503.

[13] THIEDE J, DISTEL J, GREENFIELD S, et al. Cooling to 208K by optical refrigeration [J]. *Appl. Phys. Lett.*, 2005, 86: 154107.

[14] FERNÁNDEZ J, MENDIOROZ A, GARCÍA A J, et al, Anti-Stokes laser-induced in-ternal cooling of $Yb^{3+}$-doped glasses [J]. *Phys. Rev. B*, 2000, 62: 3213-3217.

[15] MELGAARD S D, ALBRECHT A R, HEHLEN M P, et al. Solid-state optical refrige-ration to sub-100 Kelvin regime [J]. *Sci. Rep.*, 2016, 6: 20380.

[16] SELETSKIY D V, MELGAARD S D, BIGOTTA S, et al. Laser cooling of solids to cry-ogenic temperatures [J]. *Nat. Photonics*, 2010, 4: 161-164.

[17] DE LIMA FILHO E S, NEMOVA G, LORANGER S, et al. Laser-induced cooling of a Yb : YAG crystal in air at atmospheric pressure [J]. *Opt. Express*, 2013, 21: 24711-24720.

[18] EPSTEIN R, BROWN J, EDWARDS B, et al. Measurements of optical refrigeration in

ytterbium-doped crystals [J]. *J. Appl. Phys.*, 2001, 90: 4815-4819.

[19] ZHONG B, YIN J, JIA Y, et al. Laser cooling of $Yb^{3+}$-doped $LuLiF_4$ crystal [J]. *Opt. Lett.*, 2014, 39: 2747-2750.

[20] MOBINI E, ROSTAMI S, PEYSOKHAN M, et al. Laser cooling of ytterbium-doped silica glass [J]. *Communications Physics*, 2020, 3: 1-6.

[21] VOLPI A, CITTADINO G, DI LIETO A, et al. Anti-Stokes cooling of Yb-doped $KYF_4$ single crystals [J]. *J. Lumin.*, 2018, 203: 670-675.

[22] MENDIOROZ A, FERNANDEZ J, VODA M, et al. Anti-Stokes laser cooling in $Yb^{3+}$-doped $KPb_2Cl_5$ crystal [J]. *Opt. Lett.*, 2002, 27: 1525-1527.

[23] BOWMAN S R, MUNGAN C E, New materials for optical cooling [J]. *Applied Physics B-Lasers and Optics*, 2000, 71: 807-811.

[24] GUIHEEN J V, HAINES C D, SIGEL G H, et al. $Yb^{3+}$ and $Tm^{3+}$-doped fluoroaluminate classes for anti-Stokes cooling [J]. *Phys. Chem. Glasses-B*, 2006, 47: 167-176.

[25] BIGOTTA S, PARISI D, BONELLI L, et al. Laser cooling of $Yb^{3+}$-doped $BaY_2F_8$ single crystal [J]. *Opt. Mater.*, 2006, 28: 1321-1324.

[26] ROSTAMI S, ALBRECHT A R, VOLPI A, et al. Tm-doped crystals for mid-IR optical cryocoolers and radiation balanced lasers [J]. *Opt. Lett.*, 2019, 44: 1419-1422.

[27] ROSTAMI S, ALBRECHT A R, VOLPI A, et al. Observation of optical refrigeration in a holmium-doped crystal [J]. *Photonics Research*, 2019, 7: 445-451.

[28] ZHONG B, LEI Y, LUO H, et al. Laser cooling of the $Yb^{3+}$-doped $LuLiF_4$ single crystal for optical refrigeration [J]. *J. Lumin.*, 2020, 226: 117472.

[29] GRAGOSSIAN M G A, MENG J, ALBRECHT A R. Optical refrigeration inches toward liquid-nitrogen temperatures [J]. SPIE Newsroom, 2017, 4: 006840.

[30] GARCIA-ADEVA A J, BALDA R, AL SALEH M., et al. Optical cooling of Nd-doped solids [C]. *Laser Refrigeration of Solids V*, 2012, 8275: 827502.

[31] MERMILLOD Q, CAZALS J, GLIÈRE A, et al. Laser cooling of solids: towards biomedical applications [J]. *Photonic Heat Engines: Science and Applications*, 2019, 10936: 109360M.

[32] LI J, CHEN Z, LIU Y, et al. Opto-refrigerative tweezers [J]. *Sci. Adv.*, 2021, 7: eabh1101.

[33] XIA X, PANT A, GANAS A S, et al. Quantum point defects for solid-state laser refrigeration [J]. *Adv. Mater.*, 2021, 33: 1905406.

[34] JIA Y Q, Crystal radii and effective ionic radii of the rare earth ions [J]. *J. Solid State Chem.*, 1991, 95: 184-187.

[35] VOLPI A. Laser cooling of fluoide crystals [D]. Fisica: *Universit'a di Pisa*, Fisica, 2015.

[36] WYBOURNE B G, MEGGERS W F. Spectroscopic properties of rare earths [J]. *Phys. Today*, 1965, 18: 70-72.

[37] EPSTEIN R I, SHEIK-BAHAE M. Optical refrigeration: Science and applications of laser cooling of solids [M]. Hoboken: John Wiley & Sons, 2010.

[38] DIEKE G H, CROSSWHITE H M. The spectra of the doubly and triply ionized rare earths [J]. *Appl. Opt.*, 1963, 2: 675-686.

[39] EPSTEIN R I, SHEIK-BAHAE M. Optical refrigeration: Science and applications of laser cooling of solids [M]. Hoboken: John Wiley & Sons, 2010.

[40] HEHLEN M P, BONCHER W L, MELGAARD S D, et al. Preparation of high-purity LiF, YF$_3$, and YbF$_3$ for laser refrigeration [J]. *Laser Refrigeration of Solids* Ⅶ, 2014, 9000: 900004.

[41] GOSNELL T. Laser cooling of a solid by 65K starting from room temperature [J]. *Opt. Lett.*, 1999, 24: 1041-1043.

[42] SELETSKIY D, HASSELBECK M, SHEIK-BAHAE M, et al. Cooling of Yb: YLF using cavity enhanced resonant absorption [J]. *Proc. SPIE*, 2008, 6907: 69070B.

[43] HEHLEN M P. Crystal-field effects in fluoride crystals for optical refrigeration [J]. Proc. SPIE, International Society for Optics and Photonics, 2010, 12: 761404.

[44] SELETSKIY D V, MELGAARD S D, EPSTEIN R I, et al. Local laser cooling of Yb: YLF to 110 K [J]. *Opt. Express*, 2011, 19: 18229-18236.

[45] MELGAARD S, SELETSKIY D, POLYAK V, et al. Identification of parasitic losses in Yb: YLF and prospects for optical refrigeration down to 80K [J]. *Opt. Express*, 2014, 22: 7756-7764.

[46] GRAGOSSIAN A, MENG J, GHASEMKHANI M, et al. Astigmatic Herriott cell for optical refrigeration [J]. *Opt. Eng.*, 2016, 56 (1): 011110.

[47] ZHONG B, LEI Y, DUAN X, et al. Optical refrigeration of the Yb$^{3+}$-doped YAG crystal close to the thermoelectric cooling limit [J]. *Appl. Phys. Lett.*, 2021, 118: 131104.

[48] ZHONG B, LUO H, SHI Y, et al. Laser cooling of 5mol% Yb$^{3+}$: LuLiF$_4$ crystal in air [J]. *Opt. Eng.*, 2016, 56: 1-3.

[49] CEDERBERG J G, ALBRECHT A, GHASEMKHANI M, et al. Growth and testing of vertical external cavity surface emitting lasers (VECSELs) for intracavity cooling of Yb: YLF [J]. *J. Cryst. Growth*, 2014, 393: 28-31.

[50] MELGAARD S D, SELETSKIY D V, DI LIETO A, et al. Optical refrigeration to 119 K, below National Institute of Standards and Technology cryogenic temperature [J]. *Opt. Lett.*, 2013, 38: 1588-1590.

[51] FERNÁNDEZ J, GARCÍA-ADEVA A, BALDA R. Anti-Stokes laser-induced cooling in rare-earth doped low phonon materials [J]. *Opt. Mater.*, 2012, 34: 579-590.

[52] PATTERSON W, BIGOTTA S, SHEIK-BAHAE M, et al. Anti-Stokes luminescence cooling of Tm$^{3+}$ doped BaY$_2$F$_8$ [J]. *Opt. Express*, 2008, 16: 1704-1710.

[53] FINKEISSEN E, POTEMSKI M, WYDER P, et al. Cooling of a semiconductor by luminescence up-conversion [J]. *Appl. Phys. Lett.*, 1999, 75: 1258-1260.

[54] GAUCK H, GFROERER T, RENN M, et al. External radiative quantum efficiency of 96% from a GaAs/GaInP heterostructure [J]. *Appl. Phys. A*, 1997, 64: 143-147.

[55] BENDER D A, CEDERBERG J G, WANG C, et al. Development of high quantum effi-

ciency GaAs/GaInP double heterostructures for laser cooling [J]. *Appl. Phys. Lett.*, 2013, 102: 252102.

[56] SHEIK-BAHAE M, EPSTEIN R. Can laser light cool semiconductors? [J]. *Phys. Rev. Lett.*, 2004, 92: 247403.

[57] RIVLIN L, ZADERNOVSKY A J O C. Laser cooling of semiconductors [J]. *Opt. Commun.*, 1997, 139: 219-222.

[58] RUPPER G, KWONG N, BINDER R. Large excitonic enhancement of optical refrigeration in semiconductors [J]. *Phys. Rev. Lett.*, 2006, 97: 117401.

[59] GFROERER T, CORNELL E A, WANLASS M. Efficient directional spontaneous emission from an InGaAs/InP heterostructure with an integral parabolic reflector [J]. *J. Appl. Phys.*, 1998, 84: 5360-5362.

[60] ZHANG J, LI D, CHEN R, et al. Laser cooling of a semiconductor by 40 kelvin [J]. *Nature*, 2013, 493: 504.

[61] SUN G, CHEN R, DING Y J, KHURGIN J. Upconversion due to optical-phonon-assisted anti-stokes photoluminescence in bulk GaN [J]. *ACS Photonics*, 2015, 2: 628-632.

[62] CHEN Y-C, BAHL G. Raman cooling of solids through photonic density of states engineering [J]. *Optica*, 2015, 2: 893-899.

[63] CHEN Y-C, GHOSH I, SCHLEIFE A, et al. Optimization of anisotropic photonic density of states for Raman cooling of solids [J]. *Phys. Rev. A*, 2018, 97: 043835.

[64] FONTENOT R S, MATHUR V K, BARKYOUMB J H, et al, Measuring the anti-Stokes luminescence of CdSe/ZnS quantum dots for laser cooling applications [J]. SPIE, 2016, 982103.

[65] NEMOVA G, KASHYAP R. Laser cooling of solids under the influence of surface phonon polaritons [J]. *J. Opt. Soc. Am. B*, 2017, 34: 483-488.

[66] KHURGIN J. Band gap engineering for laser cooling of semiconductors [J]. *J. Appl. Phys.*, 2006, 100 (11): 739.

[67] KHURGIN J. Role of bandtail states in laser cooling of semiconductors [J]. *Phys. Rev. B*, 2008, 77: 235206.

[68] SANTHANAM P, GRAY JR D J, RAM R. Thermoelectrically pumped light-emitting diodes operating above unity efficiency [J]. *Phys. Rev. Lett.*, 2012, 108: 097403.

[69] MALYUTENKO V, BOGATYRENKO V, MALYUTENKO O. Radiative cooling by light down conversion of InGaN light emitting diode bonded to a Si wafer [J]. *Appl. Phys. Lett.*, 2013, 1021247: 68-69.

[70] HA S-T, SHEN C, ZHANG J, et al. Laser cooling of organic-inorganic lead halide perovskites [J]. *Nat. Photonics*, 2016, 10: 115-121.

[71] RAYNER A, HIRSCH M, HECKENBERG N R, et al. Distributed laser refrigeration [J]. *Appl. Optics*, 2001, 40: 5423-5429.

[72] MUNGAN C, BUCHWALD M, EDWARDS B, et al. Internal laser cooling of $Yb^{3+}$-

doped glass measured between 100 and 300 K [J]. *Appl. Phys. Lett.*, 1997, 71: 1458-1460.

[73] EDWARDS B C, ANDERSON J E, EPSTEIN R I, et al. Demonstration of a solid-state optical cooler: An approach to cryogenic refrigeration [J]. *J. Appl. Phys.*, 1999, 86: 6489-6493.

[74] HEHLEN M P, EPSTEIN R I, INOUE H, Model of laser cooling in the $Yb^{3+}$-doped fluorozirconate glass ZBLAN [J]. *Phys. Rev. B*, 2007, 75: 144302.

[75] NGUYEN D T, SHANOR C, ZONG J, et al. Conceptual study of a fiber-optical approach to solid-state laser cooling [J]. Laser Refrigeration of Solids Ⅳ, SPIE, 2011, 5: 36-46.

[76] KNALL J, ARORA A, BERNIER M, et al. Demonstration of anti-Stokes cooling in Yb-doped ZBLAN fibers at atmospheric pressure [J]. *Opt. Lett.*, 2019, 44: 2338-2341.

[77] KNALL J M, ESMAEELPOUR M, DIGONNET M. Model of anti-Stokes fluorescence cooling in a single-mode optical fiber [J]. *J. Lightwave Technol.*, 2018, 36: 4752-4760.

[78] KRISHNAIAH K V, LEDEMI Y, GENEVOIS C, et al. Ytterbium-doped oxyfluoride nano-glass-ceramic fibers for laser cooling [J]. *Opt. Mater. Express*, 2017, 7: 1980-1994.

[79] KNALL J, VIGNERON P-B, ENGHOLM M, et al. Laser cooling in a silica optical fiber at atmospheric pressure [J]. *Opt. Lett.*, 2020, 45: 1092-1095.

[80] NGUYEN D T, ZONG J, RHONEHOUSE D, et al. All fiber approach to solid-state laser cooling [J]. Laser Refrigeration of Solids V, SPIE, 2012, 8: 31-40.

[81] RAYNER A, FRIESE M, TRUSCOTT A, et al. Laser cooling of a solid from ambient temperature [J]. *J. Mod. Opt.*, 2001, 48: 103-114.

[82] MUNGAN C, BUCHWALD M, EDWARDS B, et al. Laser cooling of a solid by 16 K starting from room temperature [J]. *Phys. Rev. Lett.*, 1997, 78: 1030.

[83] RUAN X, KAVIANY M, Enhanced laser cooling of rare-earth-ion-doped nanocrystalline powders [J]. *Phys. Rev. B*, 2006, 73: 155422.

[84] GARCIA-ADEVA A J, BALDA R, AL SALEH M, et al. Local internal and bulk optical cooling in Nd-doped crystals and nanocrystalline powders [J]. Laser Refrigeration of Solids Ⅲ, SPIE, 2010, 2: 45-56.

[85] LIMA FILHO DE E S, QUINTANILLA M, VETRONE F, et al. Characterization of fluoride nanocrystals for optical refrigeration [J]. Laser Refrigeration of Solids Ⅷ, SPIE, 2015, 3: 120-129.

[86] SELETSKIY D V, EPSTEIN R, SHEIK-BAHAE M. Laser cooling in solids: Advances and prospects [J]. *Rep. Prog. Phys.*, 2016, 79: 096401.

[87] HEHLEN M P, MENG J, ALBRECHT A R, et al. First demonstration of an all-solid-state optical cryocooler [J]. *Light. Sci. Appl.*, 2018, 7: 15.

[88] UPP D L, KEYSER R M, TWOMEY T R, New cooling methods for HPGE detectors

and associated electronics [J]. *J. Radioanal. Nucl. Chem.* , 2005, 264: 121-126.

[89] KESSLER T, HAGEMANN C, GREBING C, et al. A sub-40mHz linewidth laser based on a silicon single-crystal optical cavity [J]. *Nat. Photonics* , 2011, 6: 687-692.

[90] MENG J, The development of all solid-state optical cryo-cooler [D]. *New Mexico*: The University of New Mexico: 2020, 15-49.

[91] KUHLBRANDT W. The resolution revolution [J]. *Science* , 2014, 343: 1443-1444.

[92] CAO H S, WITVERS R H, VANAPALLI S, et al. Cooling a low noise amplifier with a micromachined cryogenic cooler [J]. *Rev. Sci. Instrum.* , 2013, 84: 105102.

[93] CLARKSON W A, MENDE J, HODGSON N, et al. Thin disk laser: Power scaling to the kW regime in fundamental mode operation [C]. Solid State Lasers ⅩⅧ: Technology and Devices, San Jose, CA: German Aerospace Center, 2009: 7193.

[94] BOWMAN S R. Lasers without internal heat generation [J]. *IEEE J. Quantum Electron.* , 1999, 35: 115-122.

[95] ZHAO W, ZHU G, CHEN Y, et al. Numerical analysis of a multi-pass pumping Yb: YAG thick-disk laser with minimal heat generation [J]. *Appl. Opt.* , 2018, 57: 5141-5149.

[96] BOWMAN S R, O'CONNOR S P, BISWAL S, et al. Minimizing heat generation in solid-state lasers [J]. *IEEE J. Quantum Electron.* , 2010, 46: 1076-1085.

[97] YANG Z, MENG J, ALBRECHT A R, et al. Radiation-balanced Yb: YAG disk laser [J]. *Opt. Express* , 2019, 27: 1392-1400.

[98] KNALL J M, DIGONNET M J F. Design of high-power radiation-balanced silica fiber lasers with a doped core and cladding [J]. *J. Lightwave Technol.* , 2021, 39: 2497-2504.

[99] KNALL J, ENGHOLM M, BOILARD T, et al. Radiation-balanced silica fiber laser [J]. *Optica* , 2021, 8: 830.

[100] SHEIK-BAHAE M, YANG Z. Optimum operation of radiation-balanced lasers [J]. *IEEE J. Quantum Electron.* , 2020, 56: 1-9.

[101] KHURGIN J B. Band gap engineering for laser cooling of semiconductors [J]. *J. Appl. Phys.* , 2006, 100: 113116.

[102] KHURGIN J B. Role of bandtail states in laser cooling of semiconductors [J]. *Phys. Rev. B* , 77, (2008) .

[103] VAFAPOUR Z, KHURGIN J B. Bandgap engineering and prospects for radiation-balanced vertical-external-cavity surface-emitting semiconductor lasers [J]. *Opt Express* , 2018, 26: 12985-13000.

[104] VAFAPOUR Z, KHURGIN J B. Time, space, and spectral multiplexing for radiation balanced operation of semiconductor lasers [J]. *Opt Express* , 2018, 26: 24124-24134.

[105] BELL G S, SANDER J W. CPD — Education and self-assessment the epidemiology of epilepsy: The size of the problem [J]. *Seizure* , 2001, 10: 306-316.

[106] SINGH A, TREVICK S J N C. The epidemiology of global epilepsy [J]. *Neurol Clin* ,

2016，34：837-847.

[107] KWAN P，SPERLING M R. Refractory seizures：Try additional antiepileptic drugs (after two have failed) or go directly to early surgery evaluation? [J]. *Epilepsia*，2009，50：57-62.

[108] COCKERELL O C，SANDER J，HART Y M，et al. Remission of epilepsy：Results from the National General Practice Study of Epilepsy [J]. *The Lancet*，1995，346：140-144.

[109] SMYTH M D，HAN R H，YARBROUGH C K，et al. Temperatures achieved in human and canine neocortex during intraoperative passive or active focal cooling [J]. *Therapeutic hypothermia and temperature management*，2015，5：95-103.

[110] FUJII M，FUJIOKA H，OKU T，et al. Application of focal cerebral cooling for the treatment of intractable epilepsy [J]. *Neurologia medico-chirurgica*，2010，50：839-844.

[111] ROTHMAN S M，SMYTH M D，YANG X F，et al. Focal cooling for epilepsy：An alternative therapy that might actually work [J]. *Epilepsy Behav*，2005，7：214-221.

[112] GRIER D G. A revolution in optical manipulation [J]. *Nature*，2003，424：810-816.

[113] ASHKIN A，DZIEDZIC J M，YAMANE T. Optical trapping and manipulation of single cells using infrared laser beams [J]. *Nature*，1987，330：769-771.

[114] MARAGÒ O M，JONES P H，GUCCIARDI P G，et al. Optical trapping and manipulation of nanostructures [J]. *Nat. Nanotechnol.*，2013，8：807-819.

[115] MCLEOD E，ARNOLD C B. Subwavelength direct-write nanopatterning using optically trapped microspheres [J]. *Nat. Nanotechnol.*，2008，3：413-417.

[116] GUSTAVSON T，CHIKKATUR A，LEANHARDT A，et al. Transport of Bose-Einstein condensates with optical tweezers [J]. *Phys. Rev. Lett.*，2001，88：020401.

[117] HAN F，PARKER J A，YIFAT Y，et al. Crossover from positive to negative optical torque in mesoscale optical matter [J]. *Nat. Commun.*，2018，9：1-8.

[118] YAN Z，SAJJAN M，SCHERER N F. Fabrication of a material assembly of silver nanoparticles using the phase gradients of optical tweezers [J]. *Phys. Rev. Lett.*，2015，114：143901.

[119] ASHKIN A，DZIEDZIC J M. Optical trapping and manipulation of viruses and bacteria [J]. *Science*，1987，235：1517-1520.

[120] MOFFITT J R，CHEMLA Y R，SMITH S B，et al. Recent advances in optical tweezers [J]. *Annu. Rev. Biochem.*，2008，77：205-228.

[121] GRIGORENKO A，ROBERTS N，DICKINSON M，et al. Nanometric optical tweezers based on nanostructured substrates [J]. *Nat. Photonics*，2008，2：365-370.

[122] BLÁZQUEZ-CASTRO A. Optical tweezers：phototoxicity and thermal stress in cells and biomolecules [J]. *Micromachines*，2019，10：507.

[123] BABYNINA A，FEDORÜK M，KÜHLER P，et al. Bending gold nanorods with light [J]. *Nano Lett.*，2016，16：6485-6490.

[124] RASMUSSEN M, ODDERSHEDE L, SIEGUMFELDT H. Optical tweezers cause physiological damage to Escherichia coli and Listeria bacteria [J]. *Appl. Environ. Microbiol.*, 2008, 74: 2441-2446.

[125] JUAN M L, RIGHINI M, QUIDANT R. Plasmon nano-optical tweezers [J]. *Nat. Photonics*, 2011, 5: 349-356.

[126] NDUKAIFE J C, KILDISHEV A V, NNANNA A G A, et al. Long-range and rapid transport of individual nano-objects by a hybrid electrothermoplasmonic nanotweezer [J]. *Nat. Nanotechnol.*, 2016, 11: 53-59.

[127] KOTNALA A, GORDON R. Quantification of high-efficiency trapping of nanoparticles in a double nanohole optical tweezer [J]. *Nano Lett.*, 2014, 14: 853-856.

[128] CHIOU P Y, OHTA A T, WU M C. Massively parallel manipulation of single cells and microparticles using optical images [J]. *Nature*, 2005, 436: 370-372.

[129] LIU Y, LIN L, BANGALORE RAJEEVA B, et al. Nanoradiator-mediated deterministic opto-thermoelectric manipulation [J]. *ACS nano*, 2018, 12: 10383-10392.

[130] LIN L, WANG M, PENG X, et al. Opto-thermoelectric nanotweezers [J]. *Nat. Photonics*, 2018, 12: 195-201.

[131] WÜRGER A. Thermal non-equilibrium transport in colloids [J]. *Rep. Prog. Phys.*, 2010, 73: 126601.

[132] VETRONE F, NACCACHE R, ZAMARRÓN A, et al. Temperature sensing using fluorescent nanothermometers [J]. *ACS nano*, 2010, 4: 3254-3258.

[133] BRAUN M, CICHOS F. Optically controlled thermophoretic trapping of single nano-objects [J]. *ACS nano*, 2013, 7: 11200-11208.

[134] BURELBACH J, ZUPKAUSKAS M, LAMBOLL R, et al. Colloidal motion under the action of a thermophoretic force [J]. *J. Chem. Phys.*, 2017, 147: 094906.

[135] MAEDA Y T, BUGUIN A, LIBCHABER A. Thermal separation: Interplay between the Soret effect and entropic force gradient [J]. *Phys. Rev. Lett.*, 2011, 107: 038301.

[136] MATTHEWS B, NICHOLSON H, BECKTEL W. Enhanced protein thermostability from site-directed mutations that decrease the entropy of unfolding [J]. *PNAS*, 1987, 84: 6663-6667.

[137] LEE G, BRATKOWSKI M A, DING F, et al. Elastic coupling between RNA degradation and unwinding by an exoribonuclease [J]. *Science*, 2012, 336: 1726-1729.

[138] EDWARDS B C, BUCHWALD M I, EPSTEIN R I. Development of the Los Alamos solid-state optical refrigerator [J]. *Rev. Sci. Instrum.*, 1998, 69: 2050-2055.

[139] FREY R, MICHERON F, POCHOLLE J. Comparison of Peltier and anti-Stokes optical coolings [J]. *J. Appl. Phys.*, 2000, 87: 4489-4498.

[140] 秦伟平. 反斯托克斯荧光制冷的研究进展与综述 [J]. 物理学进展, 2000, 20: 93-167.

[141] SELETSKIY D V, HEHLEN M P, EPSTEIN R I, et al. Cryogenic optical refrigeration

[J]. *Advances in Optics and Photonics*，2012，4：78-107.

[142] EMIN D. Laser cooling via excitation of localized electrons [J]. *Phys. Rev. B*，2007，76：024301.

[143] KOHMOTO T，FUKUDA Y，KUNITOMO M，et al. Observation of ultrafast spin-lattice relaxation in $Tm^{2+}$-doped $CaF_2$ and $SrF_2$ crystals by optical means [J]. *Phys. Rev. B*，2000，62，579.

[144] MELGAARD S D. Cryogenic otical refrigeration：Laser cooling of solids below 123K [D]. *New Mexico*：The University of New Mexico，2013.

[145] ASBECK P. Self-absorption effects on the radiative lifetime in GaAs-GaAlAs double heterostructures [J]. *J. Appl. Phys.*，1977，48：820-822.

[146] SHEIK-BAHAE M，EPSTEIN R I. Can laser light cool semiconductors? [J]. *Phys. Rev. Lett.*，2004，92：247403.

[147] VOLPI A，MENG J，GRAGOSSIAN A，et al. Optical refrigeration：the role of parasitic absorption at cryogenic temperatures [J]. *Opt Express*，2019，27：29710-29718.

[148] DOROSKI T A，KING A M，FRITZ M P，et al. Solution-cathode glow discharge-optical emission spectrometry of a new design and using a compact spectrograph [J]. *J. Anal. At. Spectrom.*，2013，28：1090-1095.

[149] MCCUMBER D E. Einstein relations connecting broadband emission and absorption spectra [J]. *Physical Review*，1964，136：A954-A957.

[150] VERDEYEN J T. Laser electronics [M]. Englewood Cliffs，N. J.：Prentice-Hall，1994.

[151] DEMTRÖDER W. Laser spectroscopy：Basic concepts and instrumentation [M]. Berlin：Springer Science & Business Media，2013.

[152] HOYT C，SHEIK-BAHAE R，EPSTEIN B，et al. Observation of anti-stoke fluorescence cooling in thulium-doped glass [J]. *Phys. Rev. Lett.*，2020，85：3600-3603.

[153] BIGOTTA S，DI LIETO A，TONCELLI A，et al. Laser cooling of solids：New results with single fluoride crystals [J]. *Nuovo Cimento-Societa Italiana Di Fisica Sezione B*，2007，122：685.

[154] SELETSKIY D V，HASSELBECK M P，SHEIK-BAHAE M. Resonant cavity-enhanced absorption for optical refrigeration [J]. *Appl. Phys. Lett.*，2010，96：181106.

[155] DE LIMA FILHO E S，BAIAD M D，GAGNÉ M，et al. Fiber Bragg gratings for low-temperature measurement [J]. 2014，22，27681-27694.

[156] VAN WYK A J，SWART P L. Fibre Bragg grating gas temperature sensor with fast response [J]. 2006，17：1113.

[157] DE LIMA FILHO E S. Theoretical and experimental studies of laser induced cooling of solids [D]. Montreal：University de Montreal，2015.

[158] KUSHIDA T，GEUSIC J. Optical refrigeration in Nd-doped yttrium aluminum garnet [J]. *Phys. Rev. Lett.*，1968，21：1172.

[159] EDWARDS B C，ANDERSON J E，EPSTEIN R I，et al. Demonstration of a solid-state optical cooler：An approach to cryogenic refrigeration [J]. 1999，86：6489-6493.

[160] RAYNER A，HECKENBERG N R，RUBINSZTEIN-DUNLOP H J J B. Condensed-phase optical refrigeration [J]. 2003，20：1037-1053.

[161] RAYNER A，HIRSCH M，HECKENBERG N R，et al. Distributed laser refrigeration [J]. 2001，40：5423-5429.

[162] JACKSON W B，AMER N M，BOCCARA A C，et al. Photothermal deflection spectroscopy and detection [J]. *Applied Optics*，1981，20：1333-1344.

[163] HOYT C，HASSELBECK M，SHEIK-BAHAE M，et al. Advances in laser cooling of thulium-doped glass [J]. *J. Opt. Soc. Am. B*，2003，20：1066-1074.

[164] CARLTON F，REDDI B R. Mach-Zehnder interferometric measurement of laser heating/cooling in $Yb^{3+}$：YAG [J]. Proc. SPIE，2011，1：795101.

[165] FILHO E S D L. Theoretical and experimental studies of laser induced cooling of solids [D]. Qnebec：Polytechnique Montréal 2015.

[166] RAI V K. Temperature sensors and optical sensors [J]. *Applied Physics B*，2007，88：297-303.

[167] GRATTAN K T，ZHANG Z. Fiber optic fluorescence thermometry [J]. Springer，2002，4：335-376.

[168] MOSHE I，JACKEL S，MEIR A. Production of radially or azimuthally polarized beams in solid-state lasers and the elimination of thermally induced birefringence effects [J]. *Opt. Lett.*，2003，28：807-809.

[169] HANSEN K R，ALKESKJOLD T T，BROENG J，et al. Thermo-optical effects in high-pow er ytterbium-doped fiber amplifiers [J]. *Opt. Express*，2011，19：23965-23980.

[170] LIU W，CAO J，CHEN J. Study on thermal-lens induced mode coupling in step-index large mode area fiber lasers [J]. *Opt. Express*，2019，27：9164-9177.

[171] BOWMAN S R，O'CONNOR S P，BISWAL S. Ytterbium laser with reduced thermal loading [J]. *IEEE J. Quantum Electron.*，2005，41：1510-1517.

[172] BRUESSELBACH H，SUMIDA D S. 69-W-average-power Yb：YAG laser [J]. *Optics letters*，1996，21：480-482.

[173] 杨培志. 掺 $Yb^{3+}$ 激光晶体的生长、缺陷、光谱及激光性能的研究 [D]. 上海：中国科学院上海光学精密机械研究所，1999.

[174] DIGONNET M J. Rare-earth-doped fiber lasers and amplifiers，revised and expanded [M]. Boca Raton：CRC press，2001.

[175] HEEG B，DEBARBER P A，RUMBLES G. Influence of fluorescence reabsorption and trapping on solid-state optical cooling [J]. *Appl. Opt.*，2005，44：3117-3124.

[176] AUZEL F，BONFIGLI F，GAGLIARI S，et al. The interplay of self-trapping and self-quenching for resonant transitions in solids，role of a cavity [J]. *J. Lumin.*，2001，94，293-297.

[177] NEMOVA G，KASHYAP R. Optimization of optical refrigaration in $Yb^{3+}$：YAG samples [J]. *J. Lumin.*，2015，164：99-104.

[178] BROWN D C，VITALI V A. Yb：YAG kinetics model including saturation and power

conservation [J]. *IEEE J. Quantum Electron.*, 2010, 47: 3-12.

[179] DEMIRKHANYAN G. Intensities of inter-Stark transitions in YAG-Yb$^{3+}$ crystals [J]. *Laser Phys.*, 2006, 16: 1054-1057.

[180] HEHLEN M P, VOLPI A, MENG J, et al. Bridgman growth of LiYF$_4$ and LiLuF$_4$ crystals for radiation-balanced lasers [J]. *Photonic Heat Engines: Science and Applications*, 2019, 3: 10936.

[181] SEN A, CHAPLOT S, MITTAL R. Rigid ion model of lattice dynamics in the laser host fluoroscheelites LiYF$_4$ and LiYbF$_4$ [J]. *Phy. Rev. B.*, 2001, 64: 024304.

[182] ZHONG B, HAO L, LIN C, et al. Laser cooling performance of Yb$^{3+}$-doped LuLiF$_4$ crystal [J]. *Optical and Electronic Cooling of Solids*, 2016, 7: 9765.

[183] WALSH B M, BARNES N P, PETROS M, et al. Spectroscopy and modeling of solid state lanthanide lasers: Application to trivalent Tm$^{3+}$ and Ho$^{3+}$ in YLiF$_4$ and LuLiF$_4$ [J]. *J. Appl. Phys.*, 2004, 95: 3255-3271.

[184] AGGARWAL R L, RIPIN D J, OCHOA J R, et al. Measurement of thermo-optic properties of Y$_3$Al$_5$O$_{12}$, Lu$_3$Al$_5$O$_{12}$, YAlO$_3$, LiYF$_4$, LiLuF$_4$, BaY$_2$F$_8$, KGd (WO$_4$)$_2$, and KY (WO$_4$)$_2$ laser crystals in the 80—300K temperature range [J]. *J. Appl. Phys.*, 2005, 98: 103514.

[185] FAVREAU P, HERNANDEZ C, LINDSEY A S, et al. Thin-film tunable filters for hyperspectral fluorescence microscopy [J]. *J. Biomed. Opt.*, 2014, 19: 11017.

[186] GHASEMKHANI M, ALBRECHT A R, MELGAARD S D, et al. Intra-cavity cryogenic optical refrigeration using high power vertical external-cavity surface-emitting lasers (VECSELs) [J]. *Opt. Express*, 2014, 22: 16232-16240.

[187] HERRIOTT D R, SCHULTE H J. Folded optical delay lines [J]. *Appl. Opt.*, 1965, 4: 883-889.

[188] MCMANUS J B, KEBABIAN P L, ZAHNISER M S. Astigmatic mirror multipass absorption cells for long-path-length spectroscopy [J]. *Appl. Opt.*, 1995, 34: 3336-3348.

[189] PROKHOROV L G, MITROFANOV V P, KAMAI B, et al. Measurement of mechanical losses in the carbon nanotube black coating of silicon wafers [J]. *Classical Quant. Grav.*, 2020, 37: 015004.

[190] VINCE J, VUK A S, KRASOVEC U O, et al. Solar absorber coatings based on Co-CuMnOx spinels prepared via the sol-gel process: Structural and optical properties [J]. *Sol. Energ. Mat. Sol. C.*, 2003, 79: 313-330.

[191] FURUKAWA G T, DOUGLAS T B, MCCOSKEY R E, et al. Thermal properties of aluminum oxide from 0 to 1, 200 K [J]. *J. Res. Nat. Bur. Stand.*, 1956, 57: 67-82.

[192] SATO Y, TAIRA T. Saturation factors of pump absorption in solid-state lasers [J]. *IEEE J. Quantum Electron.*, 2004, 40: 270-280.

[193] NESTEROV V, GRICENKO M, SHABULINA T. Using of dew point temperature to calculate forest combustibility indikator [J]. *Hydrology and Meteorology*, 1968, 9: 102-104.